4차 산업혁명을 시작하는 기술 IoT 플랫폼

The Fourth Industrial Revolution&IoT

김진수 지음

光文閣
www.kwangmoonkag.co.kr

머리말

The Fourth Industrial Revolution&IoT

필자는 오랫동안 GISGeographic Information System, LBSLocation Based Service, 스마트 시티Smart-City, 사물인터넷IoT 등 분야의 현장에서 CEO, 소프트웨어 개발자, 비즈니스 기획자, 공무원, 기술 전문가 등 비교적 다양한 계층의 사람들과 많은 이야기를 나누고 컨설팅을 진행해 왔다. 이 과정에서 필자는 항상 어떻게 하면 쉽고 빠르게 기술, 시스템, 프로젝트에 대해 이해를 시킬 수 있을지를 고민했다.

필자의 경험에 의하면, 새로운 비즈니스를 준비하거나 소프트웨어나 디바이스를 개발하는 기업들의 전문가들조차도, 최신 트렌드와 기술 등 새로운 이슈들에 대해 명확하게 이해하여 업무에 활용하고 있는 경우가 많지 않았다. 이는 대부분 새로운 이슈들을 단순히 지나가는 트렌드로 인식하거나, 바쁜 업무와 조급한 마음에 단편적인 지식만 학습하여, 그 본질에 대한 빅 픽처Big picture를 파악하지 못하고 있기 때문인 것으로 필자는 판단하고 있다.

필자가 기업 또는 공공기관의 관계자분들을 만날 때 종종 다음과 같은 소리를 듣곤 한다.

"우리 회사는 오랫동안 이 분야에서 나름대로 인정받고 있는 전문 기업입니다. 그리고 사내 연구소에서는 최신 기술들에 대한 학습도 충실히 해왔습니다. 그런데 새롭게 준비하는 사물인터넷IoT 서비스 출시는 늦어지고, 논의를 할수록 준비해야 할 분야가 점점 늘어나는 것 같습니다."

"도대체 4차 산업혁명이 무엇인가요? 외부 전문가들의 세미나를 들을 때는 알 것 같은데, 막상 사무실에서 정책을 수립하려면 손에 잡히는 게 없어요."

즉, 많은 세미나와 책, 언론 등에서 이야기하는 화려한 말들을 통해 파악한 단편적인 지식들과 막연한 기대감으로 실무를 추진해 보려면 정리가 잘되지 않아 고민에 빠지게 된다는 것이다.

또한, 필자가 강의를 진행했던 대학의 교수님들 의견도 이와 유사하다. "학생들에게 취업을 위해 가장 필요한 분야가 4차 산업혁명이나 사물인터넷IoT 등의 첨단 기술인데, 이를 위한 강의 내용과 커리큘럼 설계를 어떻게 해야 하는지 모르겠습니다."

학생들에게 기업의 실무에 대한 준비와 경험을 할 수 있도록 고민을 해봐도, 좋은 대안이 많지 않다는 것이다. 실제로 일부 대학의 사물인터넷IoT 교육 시간은 단순히 아두이노Arduino와 간단한 센서를 연결하는 실습 정도로 구성되어 있는 경우도 있다.

안타까운 것은 필자가 그 동안 경험한 바로는 이러한 문제와 고민들에 대해 100% 정확한 정답을 제시할 수 있는 사람이 많지 않다는 것이다.

이 책은 이러한 현실에 대해 부족하지만 조금이라도 도움이 되고자 하는 고민의 결과이다.

이를 위해 최근 몇 년간 대학에서 강의해온 내용과 벤처, 공공기관 등에서 진행한 교육, 세미나 등의 자료를 새롭게 구성하여 집필하였다. 그리고 강의 중에 기업이나 대학 관계자분들이 주신 피드백을 반영하여 4차 산업혁명과 사물인터넷IoT에 관심 있는 일반인들이나 학생들, 실무에 종사하시는 분들에게 도움이 될 부분들을 중심으로 정리하였다.

이 책에서는 4차 산업혁명과 4차 산업혁명 시대를 위한 필수 기술인 사물인터넷IoT에 대해 단편적인 지식이나 기능이 아닌, 전체를 파악할 수 있는 종합적인 인사이트insight와 경험을 제공하여 실무와 학습에 직접적인 도움을 주고자 한다.

우선, 제1장 "4차 산업혁명이란 무엇인가?"에서는 4차 산업혁명을 이해하기 위해 광범위한 접근보다는 쉬운 이해를 돕기 위한 내용을 정리하였다.

제2장 "사물인터넷Internet of Things의 이해"에서는 4차 산업혁명과 사물인터넷IoT의 관계, 이러한 사물인터넷IoT을 위해 필수적으로 알아야 하는 내용들을 통해 사물인터넷IoT의 본질에 대한 이해를 돕고자 했다.

제3장 "사물인터넷IoT의 핵심 기술들"에서는 수많은 관련 기술들 중에 사물인터넷IoT 서비스나 기술을 개발할 때 반드시 알아야 할 내용들을 중심으로 정리했다. 이를 통해 사물인터넷IoT 전체를 바

라보고 통합할 수 있는 기본 지식을 이해할 수 있게 될 것이다.

제4장 "사물인터넷IoT 플랫폼에 대한 이해"에서는 사물인터넷IoT 구축의 프런트 엔드와 백엔드의 중심에 위치한 플랫폼과 최근 유행하는 개방형 IoT 플랫폼에 대한 세부적인 내용을 설명하고 직접 활용하는 방법을 정리했다.

제5장 "사물인터넷IoT 플랫폼을 사용해 보기"에서는 현재 상용으로 사용하는 IoT 플랫폼을 직접 사용해 볼 수 있는 솔루션을 알려주고, 가장 대중적으로 사용하는 오픈소스 하드웨어를 통해 IoT 플랫폼을 사용하는 방법을 설명해 준다.

부족한 내용이지만 출간에 대해 용기를 주신 수강생분들과 교수님들, 원고 편집 과정에 도움 주신 권민주 과장님과 출판사 박정태 회장님을 비롯한 관계자 분들에게 감사의 인사를 드린다.

또한, 한때 열사의 사막에서 미래를 꿈꾸며 프로젝트를 진행하던 옛 동료들과 현재 사물인터넷IoT이라는 새로운 분야의 개척을 위해 함께 고민하고, 불철주야 노력하고 있는 사무실 동료들에게도 감사를 전한다.

끝으로 아낌없이 의견 주시고 지지해 주신 연세대 대학원 산업공학전공 동기들과 세상에서 가장 소중한 우리 가족들 아내 현선, 아들 영우, 딸 채린에게 특별한 감사를 드리고 싶다.

목차

The Fourth Industrial Revolution&IoT

01 4차 산업혁명이란?

02 사물인터넷(Internet of Things)의 이해

03 사물인터넷(IoT)의 핵심 기술들

04 사물인터넷(IoT) 플랫폼에 대한 이해

05 사물인터넷(IoT) 플랫폼을 사용해 보기

PART

01

4차 산업혁명이란 무엇인가?

The Fourth Industrial Revolution & IoT

01

The Fourth Industrial Revolution&IoT

4차 산업혁명이란 무엇인가?

01 4차 산업혁명에 대한 논란과 배경

1) 4차 산업혁명에 대한 논의의 시작

4차 산업혁명은 2016년 스위스 다보스에서 열린 46주년 다보스 포럼에서 클라우드 슈밥Klaus Schwab 회장이 과학기술 분야의 의제로 '4차 산업혁명'을 채택하면서 본격적으로 논의되기 시작하였다. 클라우드 슈밥 회장은 "기술은 인류의 경제 · 사회 · 문화 그리고

생태적 환경을 변화시키고 있으며, 새로운 변화를 성공적으로 수용하기 위해서는 4차 산업혁명을 올바로 이해하는 것이 중요하다."라고 설명하였다.

'4차 산업혁명의 도전과 응전, 사법의 미래'라는 주제로 2016년 10월에 열린 대법원 국제법률심포지엄 참석을 위해 한국을 방문한 클라우스 슈밥 회장은 4차 산업혁명의 중요성에 대해 기조연설을 하였다. 이를 계기로 국내에서는 4차 산업혁명에 대한 본격적인 논의가 시작되었다고 볼 수 있다.

또한, 2017년도에는 독일 공학한림원의 헤닝 카거만Henning Kagermann회장이 방한하여 '독일 인더스트리 4.0을 통해 본 한국형 4차 산업혁명 미래 모델'이라는 주제로 발표를 하고 '4차 산업혁명의 성공적인 추진을 위한 정부와 학계, 기업, 노조의 협력'을 강조하였다.

다보스 포럼이란

본 명칭은 세계경제포럼World Economic Forum.
전 세계 각국의 정계, 관계, 재계 유력인사와 언론인, 경제학자 등이 세계 경제의 현안과 경제 문제에 대한 각종 해법 등을 함께 논의하기 위해 1971년 하버드대 경영학 교수 클라우스 슈밥이 창립한 포럼이다. 매년 1월 스위스에 위치한 고급 휴양지인 다보스에 열린다고 해서 다보스 포럼이라고도 한다.

2) 4차 산업혁명에 대한 다양한 논쟁과 전망

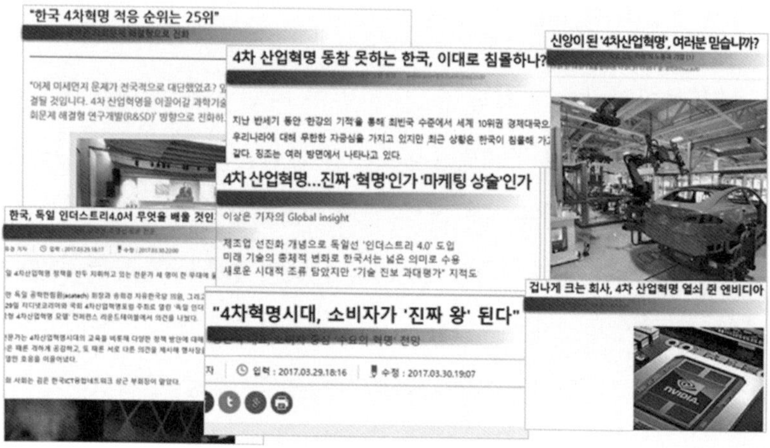

[그림 1-1] 4차 산업혁명에 대한 언론 기사들

4차 산업혁명이 본격적으로 논의되기 시작한 이후, 국내의 주요 언론과 학계, 기업들 중심의 '4차 산업혁명에 대한 의견과 전망'에 대한 각종 보고서와 기사들이 쏟아져 나오고 있다.

하지만 '4차 산업혁명'에 대한 의견들은 극단적인 전망이나 예측, 단편적인 사례들을 위주로 표현되고 있다. 4차 산업혁명에 우리나라만 대응을 못 하고 있다거나 비즈니스 · 경제 · 기술 측면에서 이미 패자가 된 것처럼 부정적인 측면의 기사들이 대부분이다.

과연 우리나라는 4차 산업혁명에 대해 전혀 준비가 않된 나라이고, 성공할 가능성이 적은 것일까? 또한 4차 산업혁명이 도래하면 소비자가 왕이 되는 이전에는 없었던 새로운 세상이 열리는 것일까?

이러한 자극적이고 소모적인 논쟁과 과장된 정보의 양산보다는 4차 산업혁명의 본질에 대한 명확한 분석과 이해를 통해, 다양한 이해 관계자들 간의 바람직한 대응 방안을 모색하는 것이 보다 올바른 접근 방법일 것이다.

3) 4차 산업혁명 논쟁의 주요 배경: 4차 산업혁명 적응 준비도 순위

순위	국가	순위	국가
1위	스위스	6위	영국
2위	싱가포르	7위	홍콩
3위	네덜란드	8위	노르웨이
4위	핀란드	9위	덴마크
5위	미국	10위	뉴질랜드

- 한국 25위, 일본 12위, 대만 16위, 중국 28위 등

[표 1-1] UBS 발표 - 주요 국가별 적응 준비도

4차 산업혁명에 대한 부정적인 논쟁의 주요 요인은 두 가지 중요한 사실적 배경을 기반으로 한다.

그 첫 번째 배경은 다보스 포럼의 『UBS 보고서』에서 발표된 '4차 산업혁명 적응 준비 순위'이다. 스위스 글로벌금융그룹UBS는 2016년 다보스 포럼 개막을 앞두고 백서를 발표하였다. 이 백서에서 UBS는 4차 산업혁명에 잘 대응할 것으로 생각되는 국가들의 순위를 분석하여 소개하였다.

이러한 '4차 산업혁명 적응도' 관련 내용을 국내 언론들이 집중 보도하면서 국내에서는 본격적인 4차 산업혁명 논란이 시작되었다. 대부분의 언론은 '충격적인 결과이다', '순위를 끌어올리지 못하면 도태된다', '우리나라 주입식 교육이 문제다', '귀족 노조 때문이다' 등 문제의 본질보다는 원색적인 여론몰이에 집중했다.

Adapted relative rankings from World Economic Forum Global Competitiveness Report, using Fourth Industrial Revolution categories[3].

	Labour structures flexible?	Skill level high?	Education allos adaptive skills?	Infrascructure suitable?	Legal protections?	Overall impact	Developed (DM), emerging market (EM) or frontier market (FM)?
Switzerland	1	4	1	4.0	6.75	3.4	DM
Singapore	2	1	9	3.5	9.00	4.9	DM
Netherlands	17	3	8	6.5	12.50	9.4	DM
Finland	26	2	2	19.0	1.25	10.1	DM
United States	4	6	4	14.0	23.00	10.2	DM
United Kingdom	5	18	12	6.0	10.00	10.2	DM
Hong Kong	3	13	27	4.5	10.00	11.5	DM
Norway	9	7	13	19.0	11.50	11.9	DM
Denmark	10	9	10	15.5	17.75	12.5	DM
New Zealand	6	10	24	21.5	6.25	13.6	DM
Sweden	20	12	7	12.0	19.75	14.2	DM
Japan	21	21	5	12.0	18.00	15.4	DM
Germany	28	17	6	9.5	18.75	15.9	DM
Ireland	13	15	21	19.0	11.50	15.9	DM
Canada	7	19	22	16.0	20.50	16.9	DM
Taiwan	22	14	11	20.0	31.25	19.7	EM
Australia	36	8	23	18.5	17.75	20.7	DM
Austria	40	16	17	19.5	17.25	22.0	DM
Belgium	54	5	16	17.5	21.5	22.8	DM
France	51	25	18	12.0	31.00	27.4	DM
Israel	45	28	3	26.0	38.50	28.1	DM
Malaysia	19	36	20	35.5	34.50	29.0	EM
Portugal	66	26	28	24.5	32.25	35.4	DM
Czech Republic	47	29	35	35.0	44.75	38.2	EM
South Korea	83	23	19	20.0	62.25	41.5	EM
Chile	63	33	50	42.0	39.25	45.5	EM
Spain	92	30	37	17.5	61.25	47.6	DM
China	37	68	31	56.5	64.25	51.4	EM

[그림 1-2] adapted relative rankings
from world economic forum global competitiveness report 도표

순위를 발표한 USB 보고서를 좀 더 자세히 살펴보자.

위의 도표에 보이는 것처럼, 전체 139개국 중 스위스, 싱가포르, 네덜란드, 핀란드, 미국 등이 상위권에 위치했으며 영국, 홍콩, 노르웨이, 덴마크, 뉴질랜드 등이 그 뒤를 이었다. 일본과 대만은 각각 12위와 16위에 위치해 있다. 우리나라는 25위를 기록했으며 중국28위과 러시아31위, 인도41위 등은 우리나라에 뒤처져 있다.

UBS는 적응도의 기준으로 '노동시장의 유연성, 기술 수준, 교육 시스템, 사회 인프라, 법적 보호 지표' 등 5개의 지표를 선정하고 각 지표에 대한 점수를 산정하고 가중 평균하여 순위를 매겼다. 우리나라는 노동시장 유연성 분야에서 139개국 가운데 83위, 법적 보호 지표 29위 등으로 낮은 점수를 받았으며, 기술 수준23위, 교육 시스템19위, 사회 인프라20위 등에서는 상대적으로 높은 점수를 받았다.

4) 4차 산업혁명 논쟁의 주요 배경: 일자리 감소

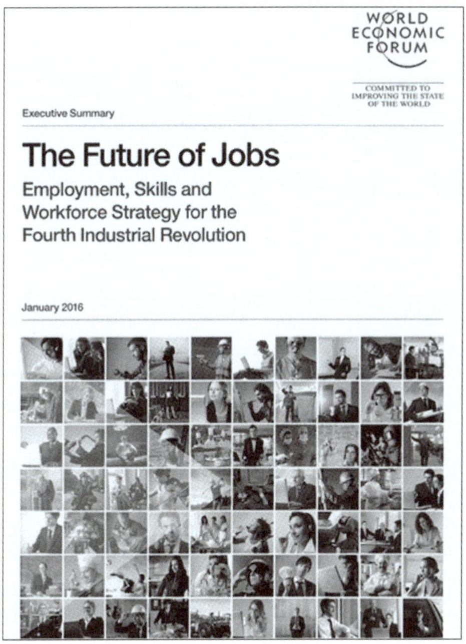

[그림 1-3] WEF의 'The Future of Jobs(일자리의 미래)' 보고서

두 번째로 '4차 산업혁명 적응 준비도 순위'와 더불어 논쟁의 중요한 배경이 되고 있는 것이 '일자리 감소' 이슈이다.

경제가 어려운 상황에서 '4차 산업혁명 시대가 도래하면 당신의 직업이 사라지고 일자리의 수도 큰 폭으로 감소한다.'는 메시지가 언론을 통해 반복적으로 전파되면서 대중들의 위기감과 불안감은 더욱 증가되고 있다.

WEF의 『The Future of Jobs일자리의 미래』라는 보고서에 따르면, 4차 산업혁명으로 2020년까지 710만 개의 일자리가 사라질 것으로 예상하고 있다. 단순하고 반복적인 일자리뿐만 아니라 전문 분야와 서비스 분야의 일자리도 직접적인 영향을 받을 것이라고 전망한다.

물론 일자리가 감소만 하는 것은 아니다. 컴퓨터, 수학, 건축 등 신규 분야에서는 약 200만 개 정도의 일자리가 창출될 것으로 전망하고 있다. 보고서에서 말하고자 하는 것은 단순히 일자리가 감소하는 수치에 대한 경고보다는 새로운 형태와 분야의 일자리가 창출되어야 한다는 메시지도 포함하고 있다.

미래의 일자리 감소와 함께 4차 산업혁명의 영향을 받는 일자리의 종류에 대해서도 다양한 전망이 존재한다.

영국 옥스퍼드 대학의 마이클 오스본 교수의 저서 『고용의 미래』에 따르면, 미국 내 702개의 직업군을 대상으로 조사한 결과 20년 이내에 현재 직업의 47%가 사라질 것이라는 전망을 하고 있으며, 주요 사라질 직업군에는 요리사, 회계사, 아나운서, 판사, 배우, 약사 등이 포함되어 있다.

또한, 일본 미쓰비시연구소의 발표에 따르면, 2011년 6,657만 명의 일자리를 기준으로 4차 산업혁명을 대응하지 못한다면 향후 30년간 약 721만 명의 일자리가 감소하는 반면, 4차 산업혁명을 성공적으로 대응할 경우 약 138만 명의 일자리가 감소된다고 전망하고 있다. 결과적으로 일자리의 감소는 필연적이며 적절한 대응을 할 경우 그 충격이 덜할 것이라는 전망이라고 볼 수 있다.

또한, 감소하는 일자리의 내용에 대해서, 2016년 산업통상자원부는 4차 산업혁명 시대에 사라질 고위험 직업군과 저위험 직업군을 다음과 같이 조사하여 발표하였다.

출처: 산업통상자원부 4차 산업혁명 연구 보고서, 2016

년도	기관	고위험군 직업	저위험군 · 새로 부상하는 직업
2013	Oxford Univ.	단순 서비스직, 단순 영업판매직, 단순 사무직, 생산직, 운반직, 텔레마케터, 계산원 등	경영직, 금융 관련 전문직, 교육 관련 종사자, 헬스케어 관련 종사자, 예술, 미디어 관련 종사자 등
2015	Forrester Research	공사노동직, 단순 사무보조, 영업판매직, 부동산중개업 등	소프트웨어 엔지니어, 디자이너, 로봇 수리전문가 등
2015	Business Insider	텔레마케터, 세무대리인, 대출업무직, 은행원, 스포츠 심판, 납품 조달 담당직원, 제품 포장 · 운반용 기계장치 운전자 등	서예가, 초등학교 교사, 의사, 영양사, 병원 카운슬링, 사회 심리학자 등
2015	소프트웨어 정책연구소	사무 종사자, 장치 · 기계조작 및 조립 종사자, 기능원, 판매 종사자, 회계사, 세무사, 관세사 등	소프트웨어 개발자, 의사, 초등학교 교사, 성직자, 변호사 등
2016	세계경제포럼 (다보스 포럼)	단순 사무직, 행정직, 제조 · 생산직, 건설 · 채굴, 예술 · 디자인, 환경 · 스포츠 · 미디어, 법률, 시설 및 정비 등	사업 · 재정 · 운영, 경영직, 컴퓨터 · 수학, 건축 · 엔지니어, 영업 관련직, 교육 · 훈련 등
2016	유엔미래보고서 2045	의사, 변호사, 기자, 통 · 번역가, 세무사, 회계사, 감사, 재무 설계사, 금융 컨설턴트, 언론인(기자), 암호전문가, 심리학자, 심리치료사 등	일자리 전환 매니저, 팽창주의자, 극대화 전문가, 윤리학자, 철학자, 이론가 등
2016	한국고용정보원	콘크리트공, 정육원, 도축원, 고무 및 플라스틱 제품 조립원, 청원경찰, 조세 행정 사무원, 물품 이동 장비 조작원, 손해사정인, 일반 의사 등	화가, 조각가, 사진사, 작가, 배우 및 모델, 초등학교 교사, 물리 및 작업 치료사, 임상심리사 등

[표 1-2] 직업별 위험도 전망

02 4차 산업혁명의 정의

1) 4차 산업혁명의 발전

우리는 이미 이전 세대를 1~3차에 걸친 산업혁명 시대로 구분하고 정의하고 있다. 과연 4차 산업혁명은 이전의 혁명과 어떤 차이가 있는 것인가?

각 산업혁명 시대의 주요 특징을 간략히 정리하면 다음과 같다.

(1) 제1차 산업혁명: 증기기관 기반의 기계화 혁명

'제1차 산업혁명'은 증기기관과 기계화를 통해 생산성 향상이 비약적으로 발전된 혁명을 말한다. 1784년 영국을 중심으로 시작된 최초의 산업혁명으로 유럽과 미국에서 18~19세기에 걸쳐 일어났다.

(2) 제2차 산업혁명: 전기 에너지 기반의 대량생산 혁명

'제2차 산업혁명'은 노동 분업과 전기 동력원을 기반으로 대량생산 체계를 구축하여 생산성이 향상된 혁명을 말한다.

제1차 세계대전 직전인 1870~1914년 사이에 일어났으며 본격적인 산업체계의 기반을 구축한 계기가 되었다.

(3) 제3차 산업혁명: 컴퓨터와 인테넷 기반의 정보통신 혁명

'제3차 산업혁명'은 전자기기와 IT화를 통한 자동화 생산성 향상을 이룬 혁명을 말한다.

1969년에 시작되어 디지털 혁명이라고도 불리는 이시기는 디지털 기술을 기반으로 컴퓨터와 인터넷을 통한 산업혁명 기술의 발전을 이루고 있다.

(4) 제4차 산업혁명: 물리 · 디지털 · 생물학 등 첨단 기술의 융 · 복합을 이루는 새로운 혁명

'제4차 산업혁명'은 물리 기술, 디지털 기술, 생물학 기술 등 다양한 첨단 기술들의 융 · 복합을 통해 주도하는 새로운 산업혁명의 시대를 말한다. 새로운 기술들은 사이버 물리 시스템, 로봇공학, 인공지능, 나노 기술, 생명공학, 사물인터넷, 3D 프린팅, 차량 자율주행 등을 포함한다. 이러한 4차 산업혁명의 시대에는 Intelligent, Automation, Connectivity 등 기술 특성의 발전이 비약적으로 이루어진다.

사이버 물리 시스템(CPS)

통신 기능과 연결성이 증대된 메카트로닉 장비에서 진화하여 컴퓨터 기반의 알고리즘에 의해 서로 소통하고 자동적, 지능적으로 제어되고 모니터링되는 다양한 물리적 개체센서, 제조장비 등들로 구성된 시스템www.wikipidia.com

2) 4차 산업혁명의 정의

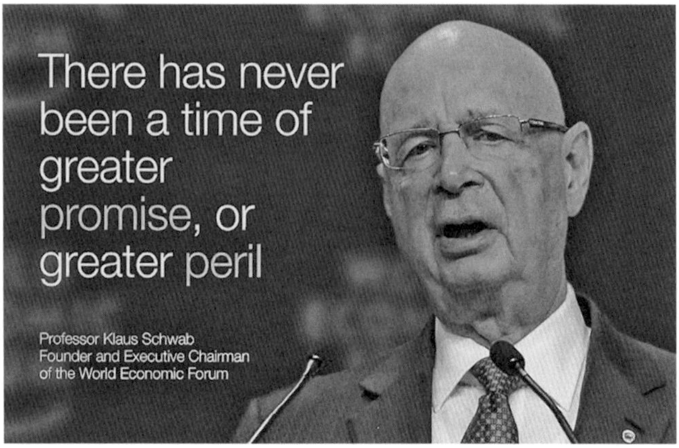

[그림 1-4] WEF 클라우드 슈밥(Klaus Schwab) 회장

4차 산업혁명의 정의에 대해서도 표현이나 내용 면에서 매우 다양한 의견들이 존재한다. 각 기관이나 기업의 입장을 대변하기도 하고, 기술이나 연구 분야에 대한 주요 강조 포인트가 다르기도 하다. 그중 대표적인 몇 가지를 소개해 본다.

4차 산업혁명의 대표적인 인물인 클라우드 슈밥 회장은 다음과 같이 정의하였다.

"3차 산업혁명을 기반으로 한 디지털과 바이오 산업, 물리학 등의 경계를 융합하는 기술 혁명"

"우리는 지금까지 우리가 살아오고 일하던 방식을 송두리째 바꿀 기술 혁명 직전에 와 있다. 4차 산업혁명은 그 속도와 파급효과 측면에서 이전의 혁명과 비교도 안 될 정도로 빠르고 광범위하게 일어날 것이다."

"인공지능AI, 빅데이터, 로봇 기술, 사물인터넷IoT 등이 주도하는 새로운 산업혁명이다."

또한, 카이스트 이민화 교수는 "제1, 2차 산업혁명은 오프라인에서, 제3차 산업혁명은 온라인에서 각각 이뤄진 산업혁명이고, 4차 산업혁명은 오프라인과 온라인이 결합하는 것을 의미한다. 현실과 가상이 인간을 중심으로 융합하는 것이다."라고 4차 산업혁명을 정의하였다.

위키피디아에 따르면 4차 산업혁명은 "ICT 융합으로 이루어 낸 혁명 시대를 말한다. 이 혁명의 핵심은 인공지능, 로봇공학, 사물인터넷, 무인 운송 수단, 3차원 인쇄, 나노 기술과 같은 6대 분야에서 새로운 기술 혁신이다."라고 정의하고 있다.

우리나라 정부 차원에서 4차 산업혁명 시대를 대비하기 위해 2017년 설립된 '4차 산업혁명 위원회'에서는 4차 산업혁명을 "인공지능, 빅데이터 등 디지털 기술로 촉발되는 초연결 기반의 지능화 혁명"으로 정의하고 각 분야별 정책을 펼치고 있다.

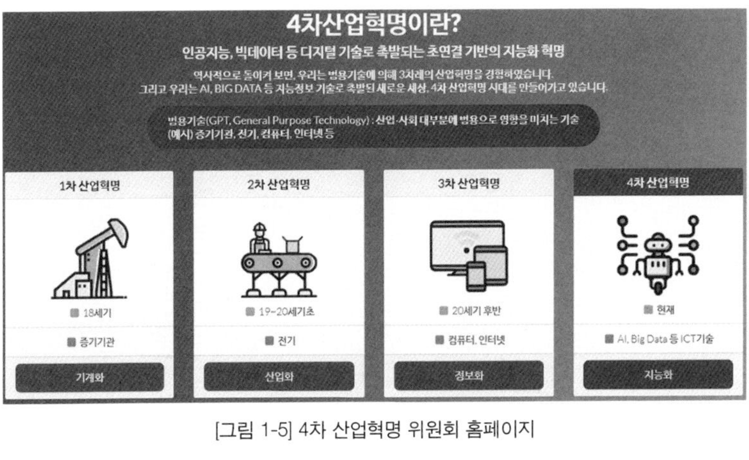

[그림 1-5] 4차 산업혁명 위원회 홈페이지

이와 같이 4차 산업혁명의 정의에 대한 전문가들의 의견은 매우 다양하다. 그럼 4차 산업혁명에 대한 명쾌한 정의는 어떤 것일까? 왜 이렇게 다양한 의견들이 있는 것일까?

결론적으로 말하면, 다가올 미래에 대한 예측인 4차 산업혁명의 개념은 아직도 모호하며, 하나의 정의로 일반화될 수 없는 것이다. 4차 산업혁명에 대한 논의는 아직도 미완성인 현재 진행형이라 할 수 있다. 분명한 것은 우리가 이전에 경험해 보지 못했던 새로운 변화가 일어날 것이라는 사실이다.

또한, 이러한 사실을 기반으로 4차 산업혁명을 이해하는 데 가장 중요한 키워드가 있다면, 그것은 바로 '융합과 공유'일 것이다. 즉, '모든 영역을 파괴하는 융합'과 '이전과는 다른 차원과 형태의 공유'가 중요해지는 혁명인 것은 분명하다.

한 가지 우려스러운 점은 4차 산업혁명을 지나치게 기술을 중심으로 이해하려는 경향이다. 단지 기술이 발달한다고 해서 4차 산업혁명 시대가 오는 것은 아니다. 즉, "기술로 4차 산업혁명을 만드는 것이 아니라, 4차 산업혁명에 필요한 기술이 있을 뿐이다."

3) 4차 산업혁명의 주요 동인

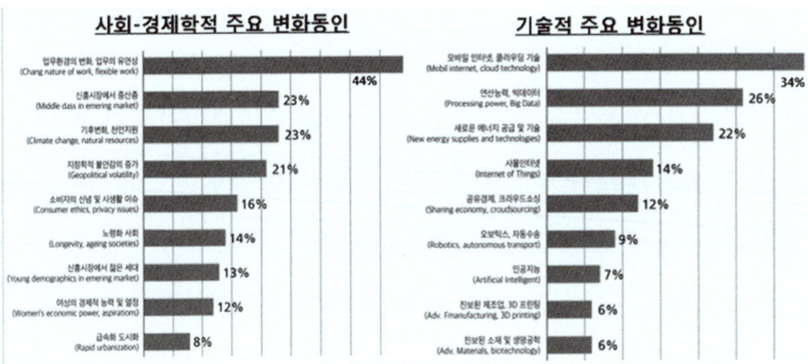

[그림 1-6] 「The Future of Jobs」가 전망한 제4차 산업혁명의 주요 변화 동인(WEF, 2016)

그렇다면 4차 산업혁명은 어떠한 이유 때문에 시작되었던 것일까? 이전에 우리가 경험해 보지 못한 엄청난 변화를 가져오는 변화의 동인은 과연 무엇일까 ? 'WEF' 『The Future of Jobs』에 따르면 4차 산업혁명의 주요 변화 동인은 다음과 같이 두 가지로 요약해 볼 수 있다.

첫 번째, 사회-경제학적 주요 변화 동인이다.

새로운 정보통신 기술의 발달로 인하여 업무 복잡성과 영역이 크게 변화하고 이에 따른 새로운 비즈니스 형태의 등장과 일자리의 변화 등 노동시장의 변화가 가장 큰 비율을 차지하고 있다. 그리고 그 뒤를 이어 신흥 시장에서의 중산층 부상 및 소비시장에서의 비율 상승, 급격히 변화하는 기후 문제와 천연자원의 고갈, 국제적인 정세 등의 요인에 따른 지정학적 불안감의 증가, 소비자의 신념 및 사생활 이슈, 노령화 사회로의 급격한 변화 등이 주요 변화 동인으로 분석되고 있다.

두 번째, 기술적 주요 변화 동인이다.

새로운 형태의 서비스를 가능하게 하는 모바일 인터넷 및 클라우드 기술 발달의 영향이 34%에 이르며, 하드웨어와 소프트웨어 기술의 발달로 인해 기하급수적으로 증가하고 있는 진보된 연산 능력 및 새로운 정보를 분석하고 인사이트를 제공하는 빅데이터의 발달은 26%, 셰일가스, 신재생 에너지 등 새로운 에너지 공급 및 관련 기술이 22%를 차지하고 있다. 그리고 사물인터넷, 공유경제 및 클라우드 소싱, 오보틱스 및 자동 수송, 인공지능 등 신기술들로 인한 기술적 변화 요인들은 상대적으로 영향이 적어 15% 미만의 비율로 나타나고 있다.

4) 4차 산업혁명에 대한 국가별 전략

4차 산업혁명은 단순히 특정 기업이나 교육기관, 일부 정부기관 등이 단편적으로 대응할 수 있는 성질의 것이 아니다. 클라우스 슈밥 회장의 말처럼 광범위한 영역에 걸쳐 빠른 속도로 진행되기 때문에 이에 대한 대응 전략도 범국가적, 범사회적 측면에서 마련되어야 한다.

이러한 이유 때문에 세계 주요 국가들은 4차 산업혁명을 위해 다양한 전략을 수립하고 관련 정책을 진행하고 있다. 특히 [표 1-3]에서 보는 것처럼 미국, 독일, 일본, 중국의 경우 국가적 차원의 거버넌스와 전략을 수립하여 대응을 하고 있다.

출처: 제 4차 산업혁명_주요국의 대응 현황을 중심으로('16.08.18), 한국은행, 융합연구정책센터

구분	미국	독일	일본	중국
민간과 정부 역할	민간 주도, 정부 지원	민간 주도, 민관 공동	민관 공동 주도, 공동 실행	정부 주도, 민간 실행
거버넌스	민간 컨소시움 민관 파트너십	Platform Industry 4.0 (정부 · 기업 · 학계)	4차 산업혁명 관민회의 (정부 · 기업 · 학계)	정부
핵심 전략	AMP 2.0 (2013년 9월)	Industry 4.0 (2011년 4월)	4차 산업혁명 선도 전략 (2016년 4월)	중국 제조 2025 (2015년 5월)
특징	- 기술과 자금을 보유한 기업 주도 - 제조업 중심	- 제조업과 ICT 융합 - 프라운호퍼 연구	기술, 인재 육성, 금융, 고용, 지역경제 등 종합 대응	- 제조업 발전을 통한 경쟁력 제고 - 규모의 경제가 가능한 내수시장
한계	일자리, 소득 분배 등 다양한 파급 영향에 대한 종합적 대응	제조업 중심에서 경제 전반으로 기술 발전의 시너지 제고 필요	사회 구조적 과제 해결이 쉽지 않고 재정 여력 약화 등 정부 지원 지속의 한계	기술 향상뿐만 아니라 사회 전반 시스템을 동시에 해결해야 하는 상황

[표 1-3] 국가별 대응현황

미국의 경우 AMP2.0Advanced Manufacturing Partnership이라는 핵심 전략을 2013년부터 수립하여 추진 중이며, 기술과 자금을 보유한 기업 및 제조업 중심의 추진을 특징으로 하고 있다.

4차 산업혁명의 선두주자로 알려진 독일의 경우, 2011년부터 Industry 4.0 전략을 국가적으로 추진하고 있다. 학계와 산업 사이의 연계 역할을 수행하는 독일 특유의 프라운호퍼Fraunhofer 연구기구가 Industry 4.0 이후 더욱 부각되었다. 프라운호퍼Fraunhofer 연구기구는 독일 전역에 60여 개가 운영 중이며 과학기술의 개발과 실용화를 목표로 정부 및 기업 수탁 연구를 다양하게 수행하며 연구 분야에 따라 정보통신, 생명과학 등 7개 그룹으로 나뉜다.

프라운호퍼Fraunhofer는 Industry 4.0과 관련하여 스마트 공장의 최적화, 안정화, 사이버 공격에 대한 방어 등 다양한 연구 및 기술 개발을 뒷받침하고 있다. 또한, 유망 기술의 제품 · 서비스화, 중소기업 등에 혁신 아이디어 제공 등을 지원하고, 연구자가 원하면 벤처 창업을 지원하기도 한다.

일본의 경우, '잃어버린 10년'에 대한 해법으로 4차 산업혁명에 적극적이다. 4차 산업혁명 선도 전략을 2016년에 발표하고 민관 공동 주도를 통해 기술, 인재 육성, 금융, 고용, 지역 경제 등 종합적인 대응을 추진하고 있다.

4차 산업혁명의 선진국이라고 할 수 있는 이들 나라의 대응 전략을 종합해 보면 몇 가지 주요 시사점을 알 수 있다.

- 민 · 관 · 학 연계: 범국가적, 산업적, 사회적 측면에서의 연계 형태
- 종합적 대응: 정치, 경제, 사회, 기술, 문화적 측면의 종합적인 대응
- 중장기 전략: 단기 위주보다는 중장기적인 측면의 방향성
- 지속적 수정: 수립된 전략에 대해 지속적인 피드백과 수정 보완을 통해 전략 고도화
- 국가 경쟁력: 국가의 경쟁력을 높이는 전략 방향성 수립 및 추진
- 인력 · 역량 강화: 4차 산업혁명에 적합한 역량을 보유한 인재를 양성하는 것에 대한 과감한 투자

5) 한국의 4차 산업혁명 전략

우리나라의 경우, 2016년 '제조업 혁신 3.0 전략'을 발표하면서 전략의 기틀을 마련하였다. 2020년까지 1만 개 공장의 스마트화를 추진하고 무인항공기, 자율주행 자동차 등 혁신 제품에 대한 실증 및 시범사업을 위해 법과 제도 개선 등을 주요 정책으로 추진하였다. 하지만 4차 산업혁명의 선진국들에 비해 상대적으로 종합적인 전략과 구체적인 실행 방안은 미흡했었다.

우리나라에서 본격적으로 4차 산업혁명을 국가적 아젠다로 정하고 국가 차원의 전략을 마련한 것은 2017년 말 정부 주도의 '4차 산업혁명위원회'가 출범하면서부터 시작된 것으로 볼 수 있다.

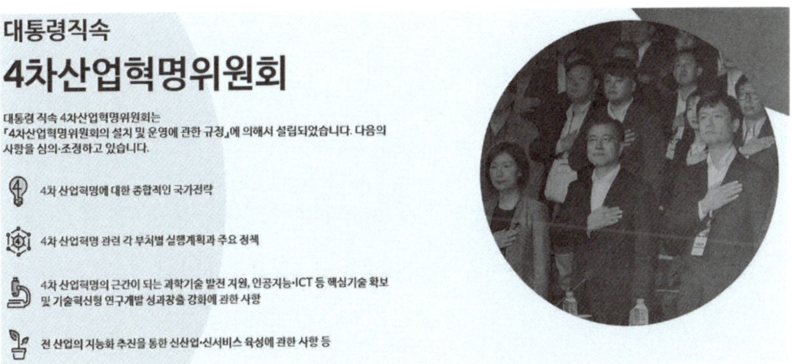

[그림 1-7] 4차 산업혁명위원회 홈페이지

2017년 10월에 개최된 4차 산업혁명위원회 출범식과 제1차 회의에서 정부는 국가 혁신 성장을 담당할 주요 아젠다로 4차 산업혁명을 준비해야 한다고 천명했다. 또 이를 위해 정부 고위직 및 산업, 학계, 연구기관 등의 민간 전문가 25명으로 구성된 4차 산업위원회를 출범시켰다.

'4차 산업혁명위원회 설치 및 운영에 관한 규정대통령령'에 의해 설치된 4차 산업혁명위원회의 역할에 대해서는 다음과 같이 정의되고 있다.

"초연결 · 초지능 기반의 4차 산업혁명 도래에 따른 과학기술 · 인공지능 및 데이터 기술 등의 기반을 확보하고, 신산업 · 신서비스 육성 및 사회 변화 대응에 필요한 주요 정책 등에 관한 사항을 효율적으로 심의 · 조정하기 위하여 대통령 소속으로 4차 산업혁명위원회를 둔다."

4차 산업혁명위원회 출범식에서 정부는 4차 산업혁명을 준비하기 위한 주요 분야별 정책 추진 과제를 함께 발표하였으며 그 주요 내용은 다음과 같다.

(1) 산업 · 경제 분야

"산업 · 서비스 지능화 혁신" 추진

- 전 산업의 지능화 혁신 → 제조, 에너지, 물류 등 전면적 융합
- 공공 서비스의 지능화 → 사회문제 해결, 편리하고 안전한 공공 서비스 제공
- 혁신 친화적 규제 개선 → 규제 샌드박스, 개별 규제 해소 등 규제 재설계
- 중소 · 벤처기업 성장 동력화 → 단계별 지원, 공정 경쟁 시장 환경 조성

(2) 사회 · 제도 분야

"미래 사회 변화 선제 대응"

- 미래 사회 교육 혁신 → 창의 인재, 초중등 소프트웨어 교육 등 핵심 인재 양성
- 일자리 변화 대응 → 인력 수급 다양화, 직업훈련 강화 등
- 법제도 · 윤리 정립 → 4차 산업혁명 법 · 제도 정비 및 윤리 정립 추진

(3) 과학 · 기술 분야

"4차 산업혁명 기술 기반 강화"

- 글로벌 기술 경쟁력 확보 → 전략적 R&D 체계 혁신 및 투자 확대
- 데이터 활용 강화 → AI 기반 공공 데이터 개방, 산업별 빅데이터 전문 센터 육성
- 초연결 지능형 네트워크 구축 → IoT 전용망, 5G 상용화 등 구축 추진

03 4차 산업혁명의 핵심 기술과 사례

1) 4차 산업혁명의 핵심 기술

4차 산업혁명의 변화를 가져오는 핵심 기술은 무엇일까? 다가오는 새로운 변화에 대응하기 위해 4차 산업혁명의 주요 핵심 기술들을 파악해보자.

4차 산업혁명의 핵심 기술로 클라우스 슈밥 회장은 저서 『제4차 산업혁명』에서 AI, Big data, IoT, 무인 운송 수단, 3D 프린터, 로봇 공학, 신소재, 유전공학, 스마트 의료 등을 이야기하였다. 국내외 다양한 리서치 회사와 연구기관들에서도 4차 산업혁명의 핵심 기술에 대해 연구를 하고 있으며, 대표적인 사례로 KERI한국경제연구원의 『10대 분야 정리 Report』에서는 다양한 기관들에서 중복적으로 지목되는 10대 분야를 AI, 로봇, IoT, 자율주행 차, 3D 프린팅, 나노, Bio, 재료과학, 에너지, 데이터 처리 등으로 정리하고 있다.

독일 인공지능연구소DFKI, 히타치연구소, 가트너, BCG 등 외국의 경우에도 4차 산업혁명의 핵심 기술에 대하여 유사한 내용으로 정리하고 있으나, 최근 기존과는 다른 새로운 신규 개념들도 추가되고 있다. 그 대표적인 사례로는 IIoTIndustrial IoT, IoSTInternet of Small Things, Digital Twin, 초 나노컴 등을 들 수 있다.

WEF는 이러한 핵심 기술에 대해 "4차 산업혁명의 특징은 물리계, 디지털계, 바이오계의 융합Cyber Physical System: 가상 물리 시스템이다."라고 이야기하고 있다.

2) 4차 산업혁명의 주요 사례

그 진행 방식과 속도 면에서는 차이가 있지만 대부분 기업들이 4차 산업혁명 시대의 혁신과 생존을 위해 많은 노력을 하고 있다. 이 중 비교적 성공적 사례로 알려져 있는 몇 가지를 소개하겠다.

(1) Local Motors

[그림 1-8] Local Motors 자동차, https://localmotors.com/

오바마 대통령의 연설에 등장하여 유명세를 타고 있는 미국의 Local Motors는 자동차 산업의 혁신 기업으로 널리 알려져 있다. 승용차에서 슈퍼카, 셔틀버스까지 3D 프린팅 기술을 이용해 생산하고 있는 Local Motors사는 최근 IBM 왓슨과 연계하여 자율주행 셔틀버스까지 사업 영역을 확대하였다.

Local Motors는 자동차 산업의 기본 구조와 프로세스를 근본적으로 혁신하는 기업으로 유명하다. 자동차 개발에 소요되는 기간을 수개월 이내로 줄이고 생산 공정과 시설에도 혁신을 가져 왔다. Local Motors의 지역 단위 공장인 Micro Factory를 전 세계적으로 구축하고 있으며, 생산 공장의 혁신으로도 불린다.

① '마이크로팩토리' 생산 방식

- 3D 프린터로 40시간마다 차체 완성
- 포드, GM 등의 브레이크, 엔진, 기어 등을 조립하여 완성
- IBM 인공지능 '왓슨'이 탑재된 미래 자율주행차 생산
- 완성차 한 대의 생산에 걸리는 시간: 24시간미국 현대 앨라배마 공장 약 14시간. 이는 전 세계 생산 공장 평균 시간인 23~25시간과는 비슷한 수준
- 모든 과정이 플랫폼화되어, 단 3명만이 차량 조립에 투입. 한 공장 내 직원 수는 총 100명으로, 일반적인 대형 자동차 공장의 근로자수의 0.3%에 불과할 정도로 최고의 효율성

② 신제품 기획부터 생산까지 단 1년에 가능한 이노팩처링

- Inno-facturing: 'Innovation혁신+Manufacturing생산', 전통적인 방식의 자동차 산업과 다르게 IT 기술을 제조 공정에 활용한 혁신을 통해, '순수 제조업'에서 'IT 기반 제조업'으로 변화 가속화
- 개발 전 과정을 공개하는 '오픈소스Opensource' 방식을 채택 모든 아이디어를 유저들이 제안하고 자유롭게 변형 및 재배포, 이 과정 속에서 분야별 전문가 의견이 멘토 형식으로 포함되기도 하며, 만약 개발 과정 중 문제가 생기면 실시간으로 오류를 수정
- 모든 개발 과정은 직원이 아닌 제삼자에게 맡긴다는 점에서 아웃소싱으로 볼 수 있지만, 불특정 다수가 지식을 공유하기 때문에 '크라우드 소싱Crowd Sourcing'으로 표현

(2) Rolls-Royce

[그림 1-9] Rolls-Royce https://www.rolls-royce.com/

제트 엔진의 글로벌 기업인 롤스로이스Rolls-Royce도 대표적인 사례로 언급되고 있다.

롤스로이스Rolls-Royce는 대부분 고객들이 엔진 자체의 구매가 아니라 엔진 운영과 서비스에 더 큰 관심을 가진다는 니즈를 파악했다. 항공기 엔진의 기술적인 혁신은 물론, 기존의 경쟁 방식이었던 비즈니스 방식에서도 사용 시간과 마일리지별 대여 방식으로 비즈니스 구조를 변경하는 혁신을 추진한 것이다. 이러한 혁신을 통해 롤스로이스Rolls-Royce는 경쟁력을 회복하여 제트 엔진 시장의 점유율을 회복하였다.

롤스로이스Rolls-Royce는 사물인터넷IoT, 빅데이터Bigdata, 인공지능AI, 클라우드Cloud 컴퓨팅 등의 기술을 이용하여 대여한 제트 엔진의 데이터를 분석하고, 결과를 바탕으로 품질관리 및 예방 정비를 강화하여 제트 엔진의 운영 시간을 대폭 증가시킬 수 있었다. 이러한 운영관리 서비스는 고객의 만족도와 신뢰도를 높이고 수익 창출에도 기여하고 있다. 이는 기술과 비즈니스가 융합된 새로운 혁신을 이루는 4차 산업혁명의 사례로 알려지고 있다.

(3) GE

[그림 1-10] GE Predix

최근 산업인터넷 분야에서 가장 활발히 비즈니스를 추진하고 있는 기업이 GE이다. GE는 소프트웨어 기업으로 변신을 선언하여 화재가 되기도 하였다.

GE는 사물인터넷internet of things을 산업 현장에 적용하면서 '산업인터넷industrial internet'이란 새로운 용어와 함께 산업인터넷 컨소시엄GE, 인텔, 애플, 시스코, 삼성전자, 지멘스, 화웨이, IBM을 결성하면서 새로운 혁신을 주도하고 있다.

산업인터넷 분야를 위해 GE는 '프레딕스Predix'라고 하는 클라우드 기반의 산업인터넷 플랫폼을 개발하고 항공기, 에너지, 스마트 팩토리 등 다양한 사업을 추진하고 있다.

GE는 프레딕스를 이용해 항공기 엔진에 대한 운영 및 관리 서비스를 제공하였다. 그 결과, 중동처럼 모래가 많은 지역에서 사용하는 엔진이 다른 지역에서 사용하는 엔진보다 마모가 심한 것을 파악할 수 있었고, 이에 대한 선제적 대응 및 운영 서비스를 통해 항공기 운영비 절감 효과를 거두고 있다. 실제로 말레이시아

국적 항공사인 에어아시아Air Asia는 2014년 프레딕스 플랫폼을 활용해 1,000만 달러 이상의 연료비를 절감했다고 한다.

GE는 디지털 풍력발전 분야에서도 부품 정비 및 운영관리, 발전단지 통합 모델링 도입 등을 통한 효율 향상시키고, 철도 네트워크에 대한 연비 효율, 통합 운행관리, 시설물 관리, 설비관리 등 기술 적용을 통해 생산성과 효율성 향상시키는 등 다양한 성과를 올리고 있다. 이러한 프레딕스 플랫폼은 빅데이터와 인공지능을 활용한 예측 대응을 통해 대부분의 산업계를 장악할 수 있는 무서운 잠재력을 가지고 있다고 평가되고 있다.

(4) Uber Technologies Inc.

[그림 1-11] 우버, https://www.uber.com

4차 산업혁명의 대표 사례로 O2O 서비스를 이야기하는 경우가 많다. 기존의 비즈니스들 간의 융합을 통해 새로운 가치를 창출하는 O2O 서비스의 경우 현재보다 미래 성장 가능성에 대해 그 가치를 크게 인정받고 있기 때문이다.

최근 많은 논란을 일으키고 있는 우버 테크놀로지스Uber Technologies Inc.사의 우버 서비스는 4차 산업혁명의 주요한 특징인 공유경제를 통한 새로운 비즈니스 출현의 대표 사례로 알려져 있다. 우버 서비스를 가능하게 하는 우버 플랫폼 솔루션은 승객과 운전기사를 스마트폰 버튼 하나로 연결해 준다.

대표적인 서비스로는 우버에 등록한 개인 차량을 공유하는 '우버 엑스Uber X', 렌터카 업체와 제휴한 프리미엄 우버 서비스로 고급 리무진 차량을 중계해 주는 '우버 블랙Uber Black', 일반 및 법인 택시와의 제휴를 통해 승객에게 택시 차량을 중계해 주는 '우버 택시Uber Taxi' 등이 있다.

우버는 4차 산업혁명 시대의 공유경제와 새로운 서비스 창출에 가장 앞선 노하우를 보유한 준비된 회사라는 평판을 받으며 높은 시장가치로 평가받고 있다.

- 소프트뱅크: 우버를 최소 60조 원이 넘는 시장가치로 평가
- 월가: 약 950억 달러약100조 원의 가치로 평가, 연간 600만 대를 판매하는 현대자동차의 주식 시가총액약 42조 원의 2배
- 벤처캐피털 '가우버': 1,000억 달러 이상의 가치를 가질 수 있다고 언급

(5) 에어비앤비(Airbnb)

[그림 1-12] 에어비앤비(https://www.airbnb.co.kr/)

우버 서비스와 함께 집, 주거 공간을 공유하는 대표 서비스로 최근 논란이 되고 있는 에어비앤비Airbnb가 있다. 우버가 자기 소유의 자동차를 고유하는 서비스라면 에어비앤비는 자기 소유의 주거 공간을 공유하는 서비스로 또 다른 공유 플랫폼의 대표적인 사례이다.

오늘날 세계 최대 숙박 공유 사이트로 유명해진 에어비앤비Airbnb는 창업 10년 만에 기업가치 300억 달러 돌파하고 191개 국가 내 300만 개 숙소, 1억 6000만 고객 보유한 세계에서 가장 유명한 기업이 되었다. (세계 호텔체인 1위인 '힐튼호텔' 체인의 기업가치는 약 219억 달러24조 원이다.)

에어비앤비의 서비스는 자신의 집을 상품으로 내놓는다는 아이디어에서 출발한다. 집주인Host이 집안의 여유 공간이나 여행 등으로 집을 비울 때 자신의 공간을 상품으로 등록하면, 이 공간이나 집이 비는 기간 동안 필요한 사람Guest이 해당 집을 신청하고 빌려 쓸 수 있다. 에어비앤비는 이 과정에서 수수료를 챙긴다. 수수료는 예약 가격의 6~12%, 숙소 주인에게 받는 3% 정도이며, 이를 통해 에어비엔비는 2020년에는 약 100억 달러약 11조 2,000억 원의 매출을 전망하고 있다.

4차 산업혁명의 가장 중요한 개념인 공유의 측면에서 에어비앤비는 물리적인 공간과 숙박의 경험이라는 두 가지 공유 서비스를 제공하고, 상호 평가와 리뷰를 통해 공유의 부작용을 해결하려는 노력을 하고 있다. 에어비엔비 뉴스룸에 따르면, 2017년 말 기준으로 현재 전 세계 에어비엔비 숙소의 수는 400만 개가 넘으며,

에어비엔비를 이용한 총 게스트 체크인 수는 2억 6,000만 명 이상이라고 한다.

4 million	65,000	191+	260 million+
Airbnb listings worldwide	cities list homes with Airbnb	countries have Airbnb listings	Airbnb guest arrivals all-time

(6) 캐터필러

[그림 1-13] Caterpillar, http://www.caterpillar.com/

건설 중장비 분야에서는 미국의 글로벌 기업인 캐터필러사의 사례가 많이 언급되고 있다. 건설 중장비 산업의 특성에 따라 장비의 가동 시간이 곧 기업의 이익과 직결된다. 특히 중소 건설장비 업체나 건설업체의 경우, 체계적인 관리 시스템을 보유하고 있는 대기업들에 비해 상대적으로 시스템 환경이 열악하다.

건설 중장비 관련 주요 경쟁 업체로는 우리나라의 두산 인프라코어, 미국의 캐터필러, 일본의 코마츠 등이 대표적인 글로벌 기업들이며, 이들 간의 경쟁도 치열하다. 2011년 초까지 영업 이익율 기준 시장점유율 1위를 고수하던 두산 인프라코어에 대응하여 캐터필러사는 자사 장비에 사물인터넷 기술 및 관제·운영 시스템의 도입하였다. 고객에게 새로운 서비스를 제공하는 기술 혁신으로 영업 이익률에서 경쟁사들을 앞지르고 있으며 그 격차를 점점 벌리고 있다. 고객에게 장비를 판매하는 것뿐만 아니라 고객 장비의 현황, 현재 작동 현황, 소모품 관리 상태, 정기 점검 일시와 방안 등 다양한 형태의 통합관리 및 운영 지원 서비스를 제공하여 고객의 만족도를 높이고 시장점유율을 높이고 있는 것이다.

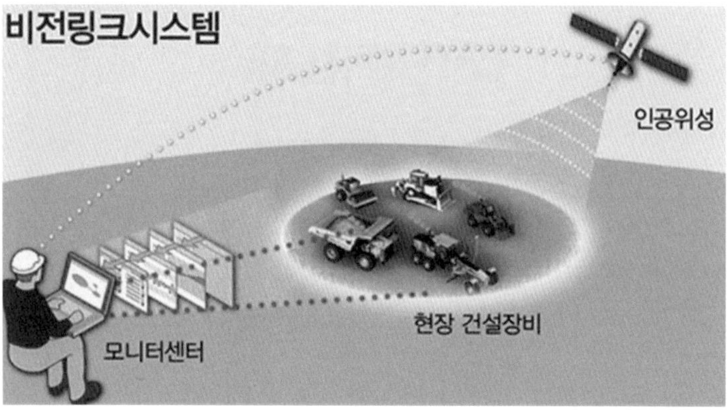

[그림 1-14] 캐터필러사 홈페이지: 비전링크 시스템

04 4차 산업혁명 시대의 대응 방안

1) 4차 산업혁명 진행의 근거

4차 산업혁명과 관련된 논란들 중에서 기존 '3차 산업혁명'과의 차별점이 없다는 주장도 있다.

2011년 자신의 저서 『제3차 산업혁명』에서 3차 산업혁명을 처음 규정한 미국의 미래학자 제러미 리프킨Jeremy Rifkin은 "4차 산업혁명은 3차 산업혁명인 정보화 혁명의 연장선에 불과하다."고 주장하고 있다.

하지만 클라우스 슈밥Klaus Schwab은 저서 『제4차 산업혁명』의 서문 중에서 3차 산업혁명과 현저히 구별되는 4차 산업혁명 진행의 근거로 다음의 세 가지를 제시하고 있다.

(1) 속도(Velocity)

기존 산업혁명과는 달리, 기하급수적인 속도로 전개 중이다. 상호 간에 연계가 되고 신기술이 더 새롭고 뛰어난 기술을 만들어 내고 있다.

(2) 범위와 깊이(Breadth & depth)

디지털 혁명을 기반으로 다양한 과학기술을 융합해 개인, 경제, 기업, 사회를 유례없는 패러다임 전환을 유도한다.

(3) 시스템 충격(Systems Impact)

국가 간, 기업 간, 산업 간 그리고 사회 전체 시스템의 변화를 수반한다.

즉, 이러한 세 가지 측면에서의 변화가 기존과는 다른 새로운 혁명, 즉 4차 산업혁명 시대로 진행되는 근거라고 했으며, 또한 이러한 변화는 개별적이지 않고 복합적인 현상으로 나타날 것으로 전망된다.

2) The New Normal 시대의 해법?

4차 산업혁명에 대한 학문적, 기술적 논의를 배제하고 본질적인 측면에서 "왜 '4차 산업혁명'이 비교적 최근, 바로 지금 시점에 화두가 되고 있는 것일까"에 대해 고민해 보자.

경제학자들은 오늘날 경제 상황을 'The New Normal 시대'라는 이름으로 이야기하곤 한다. 세계 최대 채권 운용사 '핌코'의 CEO 무하마드 앨 에리언은 2008년 저서 『새로운 부의 탄생』에서 'The New Normal 시대'를 언급하였고 이후 이 용어는 널리 알려지기 시작했다. 'The New Normal 시대'란 2008년 세계 경제 위기 이후 떠오른 새로운 경제 질서를 뜻하는 말로, '저성장, 저소비, 높은 실업률, 고위험, 규제 강화, 미국 경제 역할 축소' 등의 현상들을 특징으로 하고 있다.

기계, 설비, ICT, 항공, 의료, 자동차 등 다양한 분야에서 지속적으로 첨단 기술을 개발 및 발전하고 있는 오늘날 '과연 세계 경제는 성장하고 있고 그에 따른 인간 삶의 질은 나아지고 있는 것인가?' 에 대한 질문에 긍정적인 답변을 하기는 쉽지 않다. 일부 학자들은 "그 동안의 혁신은 실패이다. 경제, 기술적 측면에서는 지속적인 발전을 이루었지만 혁신적인 측면의 변혁은 없다."라고 이야기하고 있다.

뉴욕 타임즈에 따르면, 세계 경제 성장률은 2008년까지 연평균 4.4%, 이후 2009~2015년에는 3.3%로 하락했다. 가장 높은 성장률을 보이던 중국조차도 최근 7% 미만을 기록하면서 2014년 뉴 노멀을 공식적으로 언급했다. 세계 경제 성장은 지난 50년간 내림세를 보이고 있으며, 부의 편중, 인구 문제, 환경오염, 극빈국 등 다양한 이슈도 끊이지 않고 있다.

출처: https://www.nytimes.com/

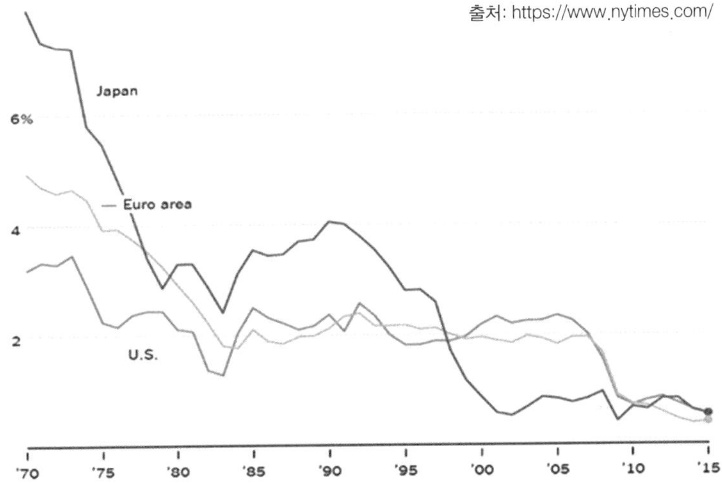

[그림 1-15] 글로벌 경제성장율

결국 인간의 보다 나은 삶을 위해 우리는 이전과 다른 새로운 방안을 찾아야 할 필요가 있으며, 이에 대한 주요한 대안으로 떠오르고 있는 것들 중 하나가 '4차 산업혁명'이다. 즉, 인간의 보다 나은 삶과 생존을 위한 새로운 해법, 그것이 바로 '4차 산업혁명'인 것이다.

3) 4차 산업혁명에 대한 대응 방안

- '4차 산업혁명'에 대한 올바른 정의와 변화의 모습은?
- '4차 산업혁명'은 글로벌 기업들의 마케팅 의도로 만들어진 것인가?
- 일부 선진국들의 의도에 의해 만들어졌으며, 부의 선점을 위한 도구일 뿐인가?

4차 산업혁명에 대한 논란의 결과로 많은 의문이 제기되고 있다. 하지만 이런 분위기에 휘둘려 언제까지 우왕좌왕할 것인가? 좀 더 생산적인 측면에서의 대응 방안은 없는 것일까?

인간의 더 나은 삶을 위해 이러한 변화에 대한 대응 방안이 필요한 것이다. 필자가 생각하는 대응 방안은 아래와 같이 세 가지로 정리해볼 수 있다.

첫째, '비전과 전략'

미래에 대한 변화에 주목하고 이에 대해 선제적으로 대응할 수 있는 비전과 전략을 수립하여야 한다. 여기서 중요한 것은 유연하고 탄력적인 비전과 전략이 필요하다는 것이다. 끊임없이 수정 보완하는 과정을 통해 우리에게 최적화시키는 것이 중요하다.

둘째, '기술의 발전에 대응'

다가올 새로운 시대의 주도권 확보를 위해 주요 핵심 기술에 대한 선점과 전문성 확보가 필요하다. 인프라 기술과 비즈니스 분야별 핵심 기술을 개척하는 퍼스트 무버First mover 전략도 좋지만, 새로운 제품이나 기술을 빠르게 따라가는 패스트 팔로어Fast follower 전략을 사용해서라도 주도권을 놓쳐서는 안 될 것이다. 새로운 변화가 도래했을 때 그 변화의 한가운데 서 있어야 한다.

셋째, '융합의 역할론'

개인, 기업, 정부 등 이해 관계자 간의 역할론 정립이 필요하다. 클라우스 슈밥Klaus Schwab 회장이 저서 『4차 산업혁명』에서 이야기한 것처럼, 4차 산업혁명은 이전에 없었던 범위와 깊이로 다가올 것이다. 따라서 이해 관계자를 구분하는 것조차 무의미할 수 있다. 즉, 개별적인 대응이 요구되는 것이 아니라 긍정적인 이합집산을 기반으로 하는 다양한 형태의 '융합의 역할론'이 필요한 것이다.

4차 산업혁명은 개인과 기업, 정부의 관점에 따라 중요한 이슈가 다를 것이다. 개인의 관점에서는 새로운 환경에 대한 적응을 위해 직업과 개인 생활의 균형, 프라이버시, 소유권에 대한 의식, 인간 상호 관계의 다양성 등의 이슈가 중요해질 것이다. 또한, 기업의 관점에서는 비즈니스 모델 및 방식에서의 혁신이 기업의 생존에서 핵심 이슈가 될 것이고, 데이터 기반의 과학적인 의사결정과 창의적인 인재의 확보 등이 더욱 중요해질 것이다. 마지막으로 정부의 관점에서는 변화에 걸림돌이 되는 규제를 다루는 방식과 종합적인 시각과 전략을 기반으로 하는 빠른 의사결정과 지원, 공공과 민간에 대한 균형 잡힌 정책적 대응 등이 중요해질 것이다.

4) 4차 산업혁명의 핵심 개념과 기술

앞에서 언급한 것처럼, 4차 산업혁명 시대는 이제 막 시작되었다고 볼 수 있다. 이렇게 미래의 어느 시점에 완성될 4차 산업혁명 시대를 위해 현재 우리가 고민하고 정리해야 할 핵심 개념과 기술은 무엇일까?

물론 각자의 이해관계에 따라 이에 대한 다양한 의견들이 있을 수 있으나, 필자는 앞서 언급한 내용들을 종합하여 다음과 같은 3가지 핵심 개념과 기술에 대해 의견을 제시하고자 한다. 아마도 이 세 가지 이외에도 중요한 개념들과 기술들은 수없이 많을 수 있다. 어떤 의미에서 이 세가지는 4차 산업혁명으로의 변화를 위해 최소한의 기반을 제공한다는 의미를 갖는다고 볼 수 있다. 다가올 4차 산업혁명 시대를 위해 아래의 세 가지 개념과 기술만이라도 이해할 수 있도록 준비해 보자.

(1) 제4차 산업혁명의 3대 핵심 개념

- "Hyper-Connectivity" 초연결성
- "Hyper-Intelligence" 초지능성
- "Hyper-Convergence" 초융합성

(2) 제4차 산업혁명의 3대 기반 기술

구분	핵심 개념	기반 기술
1	Hyper-Connectivity	사물인터넷 IoT(Internet Of Things)
2	Hyper-Intelligence	인공지능 AI(Artificial Intelligence)
3	Hyper-Convergence	사이버 물리 시스템 CPS(Cyber Physical System)/Digital Twin

PART

02

사물인터넷(IoT)의 이해

The Fourth Industrial Revolution & IoT

02

The Fourth Industrial Revolution&IoT

사물인터넷(IoT)의 이해

01 4차 산업혁명과 사물인터넷(IoT)

지금까지 살펴본 것처럼 4차 산업혁명에서 가장 중요한 개념은 혁신을 통한 다양한 융합과 공유로 볼 수 있다. 이러한 환경을 가능하게 하는 주요 기반 기술로는 사물인터넷IoT, 빅데이터Big data, 인공지능AI, CPSCyber Physical System 기술 등을 들 수 있다.

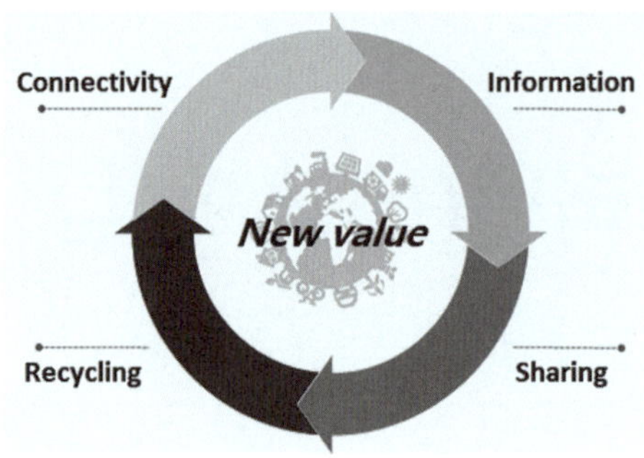

이들 중 사물인터넷IoT은 모든 것의 융합하기 위한 연결성Connectivity을 제공하는 기술이다.

4차 산업혁명 시대에는 모든 것이 연결되고, 이를 기반으로 정보가 수집되고 활용과 공유의 피드백이 이루어져 새로운 혁신의 가치가 창출되는 커다란 순환을 완성하게 된다. 즉, 4차 산업혁명 시대의 새로운 가치와 서비스 창출을 시작하는 기술, 그것을 사물인터넷IoT이라고 할 수 있는 것이다.

02 사물인터넷(IoT)이란 무엇인가?

1) 사물인터넷(IoT: Internet of Things)이란

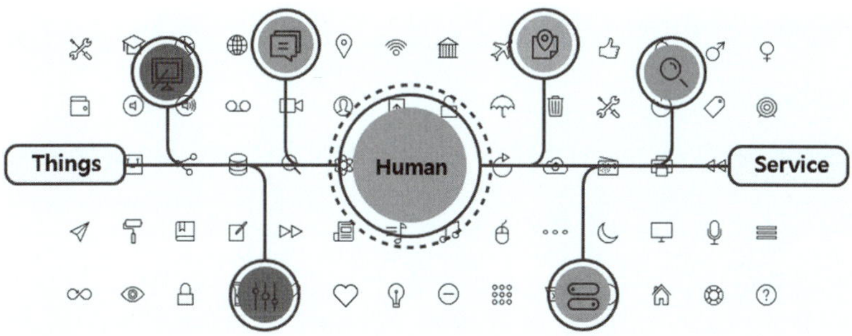

IoT란 '인간, 사물, 서비스 등 모든 것이 인터넷으로 연결되어 새로운 정보가 생성, 수집, 공유되며 사용자에게 새로운 가치와 서비스를 제공하는 것'을 말한다.

IoT에서 가장 중요한 핵심은 '연결을 통한 새로운 가치'라는 개념이다. 즉, 연결을 통해 인간에게 새로운 가치를 제공하기 위한 모든 것을 광의의 IoT라고 할 수 있는 것이다.

Wikipedia에서는 "IoT는 각종 사물에 센서와 통신 기능을 내장하여 인터넷에 연결하는 기술을 의미한다. 인터넷으로 연결된 사물들이 데이터를 주고받아 스스로 분석하고 학습한 정보를 사용자에게 제공하거나 사용자가 이를 원격 조정할 수 있는 인공지능 기술이다. 여기서 사물이란 가전제품, 모바일 장비, 웨어러블 컴퓨터 등 다양한 임베디드 시스템이 된다."라고 정의하고 있다.

IoT를 통해 이루어지는 Connectivity, 즉 연결성은 새로운 정보가 생성, 수집, 공유되는 기반을 구축하는 것을 의미한다. 특히 4차 산업혁명의 가장 핵심 기술로서 IoT가 중요한 이유는 '공유'라는 새로운 가치를 가능하게 하기 때문이다. 이러한 공유를 통해 이전에는 없었던 새로운 가치와 서비스를 사용자에게 제공하는 것이다.

그렇다면 이러한 IoT를 통해 사람들이 이루려는 궁극적인 목적은 무엇일까?

IoT는 결과 중심적인 기술로서 다양한 비즈니스와 산업 분야에서 보다 나은 산출물, 즉 생산성의 최적화와 효율화를 창출할 수 있도록 해준다. 이전 시대에는 불가능했거나 비효율적이었던 다양한 분야들에서 IoT라는 기술을 통해 새로운 부가가치를 창출할 수 있는 세상을 궁극적인 IoT World라고 할 수 있다.

2) IoT에 대한 이해

IoT는 단순히 기술 용어가 아닌, 기술과 서비스를 기반으로 하는 새로운 변화에 대한 패러다임을 말한다. 따라서 개인, 기업, 연구기관 등 관계자들의 이해와 입장에 따라 다양한 개념이 존재한다. 이처럼 다양한 개념의 존재는 IoT의 가능성과 확장성에 대한 반증으로 볼 수 있다.

IoT의 개념을 설명하는 다음 동영상을 보고, 각 기업들에서 이해하고 말하고자 하는 IoT에 대한 개념과 내용 등을 파악해 보자.

(1) 2015년 퀄컴: CES 2015: Qualcomm Smart Gateway

- 퀄컴 칩이 내장된 스마트 기기와 스마트폰을 중심으로 한 IoT
- https://youtu.be/Mk2_zWj2hHw

(2) 2016년 애플: Apple — Home App — Welcome Home

- 애플 '시리Siri'를 중심으로 사물들이 연결되어 서비스가 제공되는 IoT
- https://youtu.be/4nbhfrQfRRE

각각의 동영상을 보면 알 수 있듯이, 기본적인 IoT 개념에 대한 내용은 별다른 차이가 없다. 다만, 각 기업의 비즈니스 목적과 자사의 핵심 경쟁력을 기반으로 IoT를 표현하고 있을 뿐이다.

3) IoT의 시장 전망

IoT 관련 시장에 대한 장밋빛 미래를 예측하거나 반대로 그 실체에 대한 우려를 나타내는 다양한 전망들이 존재하고 있다. 과연 현재까지 성공한 IoT 비즈니스는 존재하는가? IoT의 범위를 어디까지로 보아야 하는가? IoT 시장은 성장할 것인가? 등에 대해 기업이나 연구기관은 각자의 이해에 따라 다양한 견해를 보이고 있다.

그러나 전체 ICT 관련 시장에서 IoT 분야가 가장 큰 폭으로 성장하는 분야들 중 하나일 것이라는 의견에는 모두들 동의하고 있다.

시장조사기관인 Stracorp에 따르면 초기 IoT 시장의 경우 센서, 디바이스, 네트워크 장비 등 하드웨어 중심으로 형성되었으나, 최근에는 IoT 서비스, IoT 플랫폼 등 소프트웨어의 비중이 전체 매출의 60% 이상을 차지하고 있는 것으로 나타나고 있다.

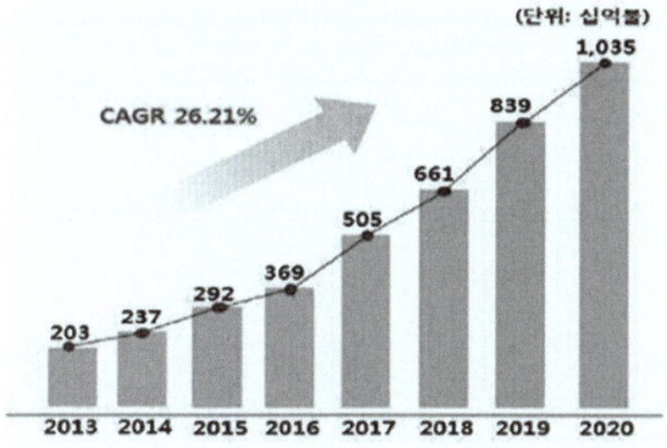

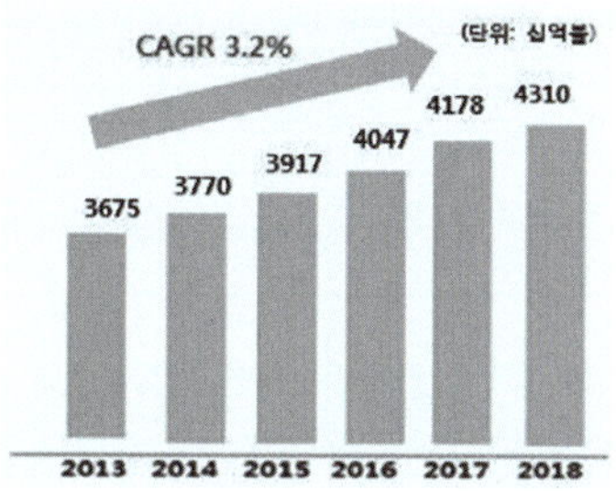

출처: Stracorp, '14년 재인용(좌), Gartner, '14년 재인용(우)

또한, 정부에서 발표한 "K-ICT 사물인터넷 확산전략2015.12(관계부처합동)"에 따르면, IoT 시장은 다음과 같이 전망되고 있다.

- 글로벌 IoT 시장은 연평균 26%씩 성장하여 '2020년 1조 달러를 상회할 전망으로 예측되고 있다. 반면, 전체 ICT 시장은 3.4% 성장할 것으로 전망되어 성장세가 정체되고 있다.
- 초기에는 디바이스의 비중이 높으나, 2022년에는 전 세계 IoT 시장 매출의 60%가 플랫폼 및 서비스 부문에서 발생할 것으로 전망된다.
- 제조업 디지털화를 중심으로 공정 및 생산 효율화 등에 IoT가 적극적으로 활용되면서, 다른 산업의 IoT 확산을 견인하고 있는 것으로 나타났다.
- IoT는 첨단 의료 기기, 공장 자동화, 국방, 환경 등 산업 및 생활 전 분야에 확산되어 다양한 서비스 및 제품이 보급될 것으로 예측된다.
- IoT 환경에 대응하기 위한 '센서스마트 센서와 디바이스 - 네트워크사물통신 및 트래픽 처리 기술 경쟁 - IoT 플랫폼' 기술 확보 경쟁이 가속화되고 있다.

▪ IoT 특성에 따른 보안 및 프라이버시 이슈가 부각되고 있다.

4) IoT 기술 트렌드: Gartner 10대 기술 트렌드

	2012년	2013년	2014년	2015년	2016년	2017년	2018년
1	미디어 태블릿 그 이후	모바일 대전	다양한 모바일 기기 관리	컴퓨팅 에브리웨어	디바이스 메시	인공지능과 러닝머신	인공지능 강화시스템 (AI Foundations)
2	모바일 중심 애플리케이션과 인터페이스	모바일 앱&HTML5	모바일 앱과 애플리케이션	사물인터넷	엠비언트 사용자 경험	지능형 앱 (Intelligent Apps)	Intelligent Apps & Analytics
3	상황인식과 소셜이 결합된 사용자 경험	퍼스널 클라우드	만물인터넷	3D프린팅	3D 프린팅 재료	지능형 사물 (Intelligent Things)	Intelligent Things
4	사물인터넷	사물인터넷	하이브리드 클라우드와 서비스브로커로서의 IT	차세대, 스며든, 보이지 않는 애널리틱스	만물 정보	가상현실과 증강현실	Cloud to the Edge
5	앱스토어와 마켓플레이스	하이브리드 IT& 클라우드 컴퓨팅	클라우드/ 클라이언트 아키텍처	콘텍스트 리치 시스템	앞선 기계학습	Digital Twins	Digital Twins
6	차세대 분석	전략적 빅데이터	퍼스널 클라우드의 시대	스마트머신	자율 에이전트 및 사물	블록체인과 분산장부	Blockchain
7	빅데이터	실용분석	소프트웨어 정의	클라우드/ 클라이언트 컴퓨팅	적응형 보안 아키텍처	대화형 시스템	Immersive Experience
8	인메모리 컴퓨팅	인메모리 컴퓨팅	웹스케일IT	SW정의 인프라와 애플리케이션	앞선 시스템 아키텍처	매시앱과 서비스 아키텍처	Event-Driven

9	저전력 서버	통합 생태계	스마트 머신	웹스케일 IT	메시 앱과 서비스 아키텍처	디지털기술 플랫폼 (IoT/정보/지능/고객Biz)	Conver-sational Platform
10	클라우드 컴퓨팅	엔터프라이즈 앱스토어	3D 프린팅	리스크 기반 보안과 셀프 보호	사물인터넷 플랫폼	능동형 보안 아키텍처	Continuous Adaptive Risk & Trust

[표 2-1] 연도별 Gartner 10대 기술 트렌드

2012년 가트너의 10대 기술에 처음 등장한 IoT는 2017년에 이르기까지 지속적으로 유지되고 세분화되면서 기술 트렌드를 주도하고 있다.

2016년도에는 '만물정보'와 '사물인터넷 플랫폼'으로 구분되어 10대 전략 기술에 올랐으며, 2017년도에는 '지능형 앱', '지능형 사물', 'Digital Twins', '디지털 기술 플랫폼IoT·정보·지능·고객Biz' 등으로 세분화되고 있다.

(1) 지능형 앱(Intelligent App)

최근 유행하고 있는 인공지능AI 스피커와 같은 개념의 지능형 앱은 콘텐츠 추천에서 서비스, 일반 업무까지 다양한 영역에서 활용되고 있으며, 향후 대부분의 앱은 향상된 AI와 머신 러닝 등 첨단 기술을 이용해 지속적으로 발전하고 확장될 것으로 전망되고 있다.

(2) 지능형 사물(Intelligent Things)

사물은 기존의 정보 전송이나 사용 대상이 되는 단순한 형태의 사물이 아니라 보다 지능화되고 고도화된 즉, 스마트화가 된 지능형 사물로 발전하고 있다. 가트너는 드론, 자율 주행차, 스마트 기기와 같은 지능형 사물이 점차 확산되면서 개별 지능형 사물에서 협업 지능형 사물 모델로 전환되리라 전망했다.

(3) 디지털 트윈(Digital Twin)

디지털 트윈은 가상 물리 시스템CPS: Cyber Physical System을 구현하기 위한 공학적인 모델 및 방법론으로 다양한 첨단 기술의 조합IoT, 빅데이터, AI, VR, 3D 등을 통해 물리 장치 운영의 효율성과 최적화를 추구한다. 향후 수백만 개의 사물이 디지털 트윈으로 디지털화될 것이고, 기업들은 이러한 디지털 트윈을 통해 선제적인 품질관리 및 운영관리, 공정 효율화, 생산 효율화, 개선된 제품 개발 등의 수행이 가능해질 것이다.

(4) 디지털 기술 플랫폼(Digital Technology Platform)

디지털 기술 플랫폼은 정보 시스템 플랫폼, 고객 경험 플랫폼, 분석 · 인텔리전스 플랫폼, IoT 플랫폼, 비즈니스 생태계 플랫폼을 각각 나타낸다. 디지털 비즈니스를 가능케 하는 5가지 핵심 기술들이다.

(5) 능동형 보안 아키텍처(Adaptive Security Architecture)

능동형 보안 아키텍처는 날로 다양해지고 복잡해지는 시스템과 서비스, 플랫폼들을 보호하기 위해 반드시 필요한 기술이다. 가트너에 따르면 "기존의 보안 기술들은 IoT 플랫폼을 보호하기 위한 기준으로 활용되어야 한다. 특히 사용자 및 기업의 활동을 모니터링하는 것은 IoT 시나리오에 추가되어야 하는 중요한 기능이다. 하지만 IoT 분야는 IT 보안 담당자들에게 새로운 영역이며, 새로운 취약 지점 영역을 생성하고 있으므로, 이에 대한 대응으로 새로운 툴과 프로세스가 필요하며, IoT 플랫폼 관련 프로젝트에서는 이를 반드시 고려해야 한다."라고 강조하고 있다.

2018년도 10대 기술에서도 IoT와 관련하여 전년도와 유사한 트렌드를 보이고 있다.

- 지능형 애플리케이션 및 분석Intelligent Application and Analytics
- 지능형 사물Intelligent Things
- 디지털 트윈Digital Twin
- 대화형 플랫폼Conversational Platforms

5) Hype Cycle for the IoT, 2016

빠르게 변화되고 있는 IoT는 기술적인 측면에서 현재 어떤 상태이며 향후 전망은 어떻게 될까?

출처: "Hype Cycle for the IoT, 2016", July 2016, Gatner

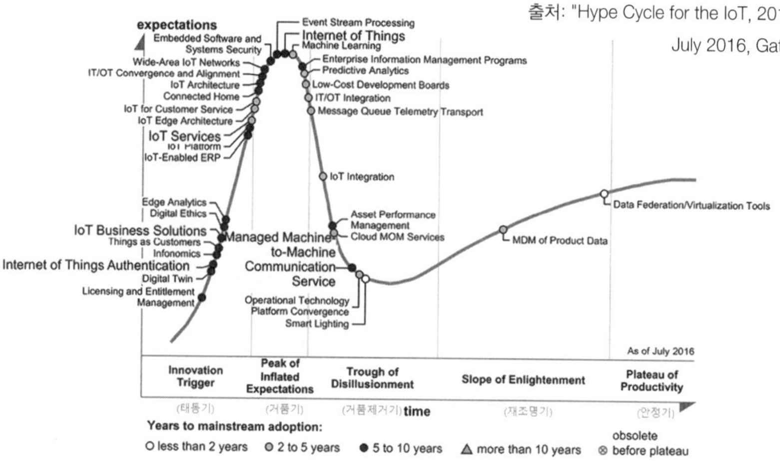

[그림 2-1] Hype Cycle for the IoT

가트너의 『Hype Cycle for the IoT, 2016』에 따르면 IoT는 아직 '기술에 대한 관심의 거품 시기Peak of Inflated Expectation'를 벗어나지 못하고 있다. IoT 관련 생태계Echo system가 아직 완벽하게 구축인증, 결제, 기술, 프로토콜 등되지 않았으며, 비즈니스적인 측면에서의 성공한 사례도 많지 않기 때문에 시장이 형성되고 있는 중이라고 분석할 수 있다. 즉, IoT 기술에 대한 정확한 판단이 좀 더 필요하다는 의미이다.

6) IoT 구성 요소

필자가 종사하고 있는 IoT 비즈니스와 프로젝트 현장에서 주변 이해관계자들이 자주 거론하는 몇 가지 공통적인 의견들이 있다. 물론 이러한 의견들이 전체를 대표한다고 볼 수는 없지만, 최소한 현장의 분위기를 조금이라도 이해할 수 있는 내용들이다.

> ▸ "IoT가 생각보다 손에 잡히지 않는다."
> ▸ "IoT 서비스 및 시스템 설계는 어렵고 복잡하다."
> ▸ "디바이스, 솔루션 등 IoT 기술 개발이 너무 어렵다."
> ▸ "시장에서 IoT 비즈니스와 기술 전문가를 찾기가 어렵다."

다른 분야들도 그렇지만 특히 IoT 분야에서 이러한 의견들이 많은 이유가 무엇일까? 필자가 생각하는 주된 이유는 IoT 비즈니스와 기술이 매우 다양하며 그 범위의 폭이 상대적으로 넓기 때문이다.

따라서 IoT를 올바로 이해하기 위해서는 전체 구성 요소에 대한 정리와 구성 요소 사이의 관계에 대해 명확히 알아야 한다. 필자가 생각하는 일반적인 형태의 IoT 구성 요소는 다음과 같다.

① Sensors/ Device	② Network	③ Platform	④ Big Data	⑤ Application/ Service

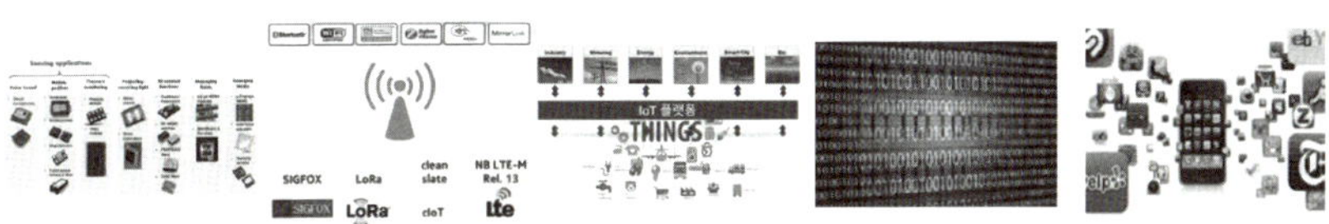

① Sensors/ Device	② Network	③ Platform	④ Big Data	⑤ Application/ Service
- Actuator - 저전력 에너지 소요 - 최적화된 통신기능 - IoT Gateway - Device	- 원거리/근거리 유무선 네트워크 - Network Security - IoT 특화 Network - Any Device, Any Where	- Device Management - Data processing - CEP: Complex Event Processing	- 대용량 저장 장치 - Data Analytic - Cloud Computing - 정보 시각화	- App & Web Application - Legacy 시스템 연계 - 다양한 도메인의 Service

[그림 2-2] IoT 구성 요소

[그림 2-2]에서 보는 바와 같이 IoT는 다섯 가지의 구성 요소로 이루어져 있다.

- Sensors/Device: 다양한 센서Sensor 및 액추에이터Actuator들과 컴퓨팅 리소스들을 갖는 디바이스 또는 디바이스 게이트웨이 Device Gateway
- Network: IoT 센서와 인프라를 연결해 주는 근거리 유무선 통신, 원거리 유무선 통신
- Platform: IoT 센서와 인프라 사이에서 기반 기능을 제공하는 플랫폼
- Big Data: 수집된 다양한 IoT 데이터를 비즈니스에 활용하기 위한 목적으로 분석하는 빅데이터
- Application/Service: IoT 정보를 활용하여 유의미한 비즈니스 로직을 고객에게 제공하고 이를 다시 시스템 전체에 피드백하는 어플리케이션Application과 서비스Service

IoT 비즈니스와 시스템을 설계, 개발하고 이를 고객에게 제공하기 위해서는 위의 5가지의 구성 요소가 초기 단계에서부터 철저하게 고려되어야 한다. 만일 어느 한 분야라도 누락되거나 소홀히 할 경우, 전체 IoT 비즈니스와 시스템에 심각한 문제를 야기할 수 있다. 예를 들면, 서비스 개발의 예상하지 못했던 변수나 소요 시간, 지나치게 높은 가격 정책 또는 고객 요구에 대한 대응 등 비즈니스 존폐에 영향을 미치는 경우도 발생할 수 있다. 필자의 경험에 의하면, 어느 한 분야의 전문 역량만 보유하고 있는 기업에서 새로운 IoT 제품개발이나 비즈니스를 추진하였을 때, 초기 계획과는 다른 다양한 변수로 인하여 파일롯이나 시제품 양산 단계에서 중단하는 경우가 많이 발생하곤 한다.

또한, IoT 관련 전문가를 확보하는 것도 쉽지 않다. 실력이 있는 S/W 개발자나 센서 제품 전문가라고 해도 IoT 비즈니스나 기술 전반에 걸친 전문가라고 할 수 없기 때문이다. 각각의 단위 기술에 대한 이해를 바탕으로 전체 구성 요소를 융합하고 이해하는 창의적인 전문가를 필요로 하는 것이 IoT 분야이다.

이러한 다섯 가지의 IoT 각 구성 요소에 대해 간략하게 살펴보자.

(1) Sensors/Device

출처: John Molson School of Business

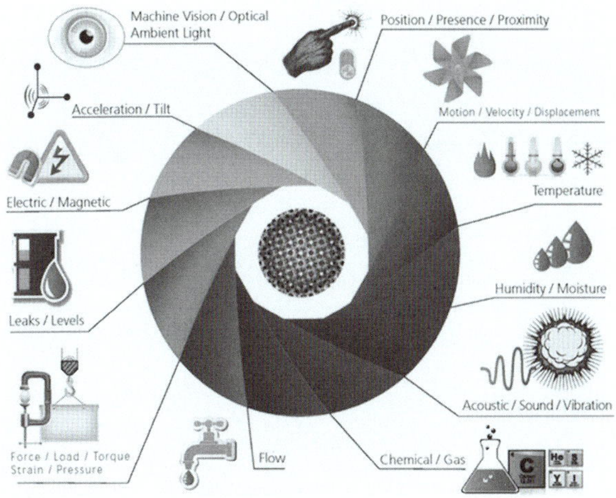

우선, 센서Sensor란 '반응하는 물리적 특성의 탐지 또는 측정 신호를 제공하는 장치'를 말한다. 센서는 일상생활에 많이 사용하고 있으며, 주변에서 쉽게 접하거나 볼 수 있는 대부분의 물리적 기계, 장치, 설비, 플랜트 등에 다양한 형태로 내장되어 정보를 수집할 수 있게 해준다.

또한, 디바이스Device란 특정 목적을 위한 하드웨어의 집합을 말한다. 컴퓨터 모니터, 스마트폰 등이 대표적인 디바이스이며 일반적으로 인간이 사용하는 물리적인 대상이 된다.

(2) Network

IoT와 관련된 네트워크 기술은 크게 근거리 통신 기술과 원거리 통신 기술로 구분할 수 있다.

근거리 통신 기술은 비교적 가까운 거리의 통신 기술을 말한다. 일반적으로 블루투스, Zigbee, WiFi, RFID 등이 대표적이며, 통신 거리가 가깝기 때문에 센서 노드Sensor Node와 현장의 Device Gateway 간의 통신에 주로 이용된다.

[그림 2-3] 주요 근거리 통신 기술 종류

원거리 통신 기술은 비교적 먼 거리를 통신하기 때문에 현장의 Device Gateway와 IoT Platform 그리고 서비스 간의 통신에 주로 이용된다.

[그림 2-4] 주요 원거리 통신 기술 종류

최근 IoT 기술 특성에 적합한 전용 통신망특화망 네트워크 기술들이 개발되고 일부 기술은 이미 상용화되고 있다. SigFox, LoRa, LTE-M, NB-IoT, eMTC 등이 대표적이며 이러한 네트워크 기술들은 저전력, 저비용, 낮은 성능, 넓은 침투 등 IoT 특성들에 최적화되어 있다.

(3) Platform/Big Data

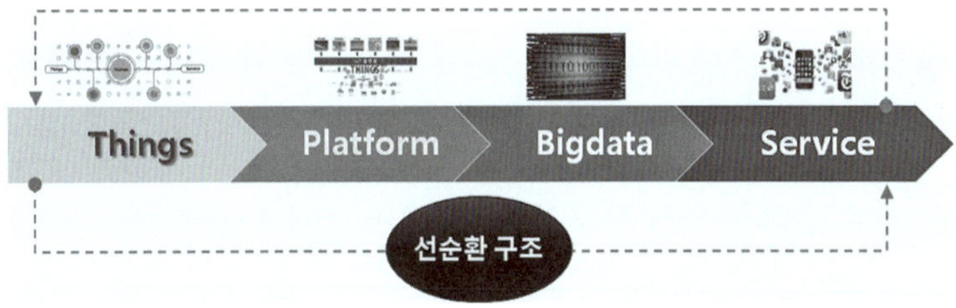

IoT 플랫폼은 IoT 프런트엔드front-end: 사용자와 백엔드back-end: 기반인프라의 중심에 위치해 있다. IoT 플랫폼은 다음과 같은 주요 기능들을 제공함으로써 IoT 비즈니스와 기술을 가능하게 하는 기반을 제공한다. 따라서 IoT 비즈니스의 성패는 IoT 플랫폼에 달려있다고 하여도 과언이 아니다.

- 다양한 형태의 디바이스 연동 및 제어, 이를 통해 수집되는 수많은 데이터의 수집과 관리
- IoT 데이터를 기반으로 하는 지능형 이벤트나 워크플로우 처리
- 다양한 서비스와 사용자들에 대한 운영 및 관리
- IoT 앱이나 어플리케이션 개발 지원 및 연동 기능 제공
- 기업의 기존 시스템과 연동 및 서비스 처리

또한, 이렇게 수집 및 저장된 데이터를 이용하여 기업이 필요로 하는 데이터를 분석하고 이를 활용할 수 있게 해주는 것이 빅데이터Bigdata이다. 빅데이터는 기업 내, 외부의 다양한 데이터들과 IoT 플랫폼을 통해 새롭게 수집된 데이터를 통합한 다양한 정형, 비정형 데이터들을 분석하게 된다.

빅데이터는 통계, 레포팅, 데이터 마이닝, 예측 모델링, 데이터 시각화, 시뮬레이션, 공간 분석 등의 다양한 분석 기법을 이용하여 비즈니스와 관련된 문제들을 해결하고 새로운 비전과 방법들을 제공하는 등 비즈니스의 가치 도출을 가능하게 해준다. 빅데이터는 고객의 기호와 요구 사항을 분석하고 파악하는데 도움을 주고 고객과 상호작용할 수 있는 새로운 방법을 찾아내고 있다.

빅데이터가 새로운 가치를 창출하려면 핵심 비즈니스 이슈 해결을 위해 사용되어야 하며, 이를 위해서는 기업의 비즈니스와 관련된 다양한 데이터에 접근할 수 있어야 하고, 그 데이터에 대한 강력한 분석 능력이 필요하다.

이처럼 IoT 플랫폼과 빅데이터가 중요한 이유는 IoT 구성 요소에서 인프라 성격을 갖는 핵심 영역이며, 기술적으로 높은 전문 역량이 필요하기 때문이다. IoT 비즈니스의 성공을 위해서는 IoT 플랫폼과 빅데이터를 통해 정보의 수집과 분석이 이루어지고 이것이 서비스 전반에 걸쳐 피드백되는 순환 구조가 반드시 이루어져야 한다.

7) IoT의 보안

IoT 분야가 발전할수록 지속적으로 이슈가 되고 있는 분야가 바로 IoT 보안이다. 이는 첨단 센서와 디바이스, 다양한 IoT 서비스 확대에 따른 필연적인 결과이다. IoT에서 고려해야 할 대표적인 보안 이슈로는 다음과 같은 것들이 있다.

- IoT 디바이스, 통신, 서비스에서의 보안 이슈
- 데이터 수집, 보관, 처리, 활용 단계의 프라이버시 이슈
- IoT의 개방형 특성으로 제기되는 접근 제어 및 권한 제어 이슈

IoT 보안의 중요성이 날로 커지는 상황에서 최근 IoT 보안과 관련된 기술 개발과 제품 출시가 다양화되고 있다. 전통적인 네트워크 장비 기반의 물리적인 보안장비에서 IoT 환경에 특화된 보안 소프트웨어 등에 이르기까지 IoT 보안관련 시장이 더욱 성장할 것으로 전망되고 있다. 한국인터넷진흥원의 「사물인터넷 정보보호 사업 현황조사2015년」에 따르면 IoT 정보 보호 기업 중 50% 이상이 IoT 보안 시장 진출을 계획하고 있는 것으로 조사되고 있다. 이러한 IoT 보안 이슈에 대해 종합적으로 대응하고자 공공과 민간의 협력을 통한 다양한 노력도 추진되고 있다.

우선, 정부는 2015년도 'IoT 7대 공통보안 원칙'을 발표했으며, 2016년도에는 이를 확장한 'IoT 공통 15대 보안 가이드'를 발표하고 IoT 프로젝트에 적용하도록 권고하고 있다. 이러한 보안 가이드는 IoT 제품 설계, 서비스 제공 시 보안성 확보를 위해 기본적으로 고려할 사항인 '공통 보안 원칙'을 개발하고 보급했다는 의의를 갖는다. 또한, 정부에서는 IoT 보안정책 수립을 위한 이슈 논의와 기술, 정책 자문을 위해 산·학·관이 참여하는 'IoT 보안 얼라이언스' 및 IoT 관련 제품, 보안 테스트 실증을 위한 IoT 보안 테스트베드를 구성하여 운영하고 있다.

최근에는 보안칩, 보안 게이트웨이 등 디바이스와 네트워크 부문

의 보안기술 등 선진국에 비해 부족한 IoT 보안 관련 원천기술들의 개발 추진을 위해 정책적 지원과 투자도 진행하고 있다.

사물인터넷(IoT) 공통 15대 보안 가이드('2016, 9월)

① IoT 장치의 특성을 고려하여 보안 기능의 경량화 구현

② IoT 서비스 운영 환경에 적합한 접근 권한 관리 및 인증, 종단 간 통신보안, 데이터 암호화 등의 방안 제공

③ 소프트웨어 보안 기술과 하드웨어 보안 기술의 적용 검토 및 안전성이 검증된 보안 기술 활용

④ IoT 장치 및 서비스에서 수집하는 민감 정보개인정보 등 보호를 위해 암호화, 비식별화, 접근 관리 등의 방안 제공

⑤ IoT 서비스 제공자는 수집하는 민감 정보의 이용 목적 및 기간 등을 포함한 운영 정책 가시화 및 사용자에 투명성 보장

⑥ 소스 코드 구현 단계부터 내재될 수 있는 보안 취약점을 사전에 예방하기 위해 시큐어 코딩 적용

⑦ IoT 제품 · 서비스 개발에 사용된 다양한 S/W에 대해 보안 취약점 점검 수행 및 보안 패치 방안 구현

⑧ 펌웨어 · 코드 암호화, 실행 코드 영역 제어, 역공학 방지 기법 등 다양한 하드웨어 보안 기법 적용

⑨ IoT 장치 및 서비스 (재)설치 시 보안 프로토콜들에 기본으로 설정되는 파라미터 값이 가장 안전한 설정이 될 수 있도록 'Secure by Default' 기본 원칙 준수

⑩ 안전성을 보장하는 보안 프로토콜 적용 및 보안 서비스 제공 시 안전한 파라미터 설정

⑪ IoT 장치 · 서비스의 보안 취약점 발견 시, 이에 대한 분석 수행 및 보안 패치 배포 등의 사후조치 방안 마련

⑫ IoT 장치 · 서비스에 대한 보안 취약점 및 보호 조치 사항은 홈페이지, SNS 등을 통해 사용자에게 공개
⑬ 최소한의 개인정보만 수집 · 활용될 수 있도록 개인정보 보호정책 수립 및 특정 개인 식별 정보의 생성 · 유통을 통제할 수 있는 기술적 · 관리적 보호 조치 포함
⑭ 다양한 유형의 IoT 장치, 유 · 무선 네트워크, 플랫폼 등 다양한 계층에서 발생 가능한 보안 침해 사고에 대비하여 침입 탐지 및 모니터링 수행
⑮ 침해 사고 발생 이후 원인 분석 및 책임 추적성 확보를 위해 로그 기록의 주기적 저장 · 관리

03 다양한 사물인터넷(IoT) 서비스와 디바이스 사례들

다양한 IoT 디바이스와 IoT 서비스 사례들을 통해 최근의 동향을 살펴보고 IoT의 기본 구조와 생태계Eco system를 이해하도록 해보자. 지금 이 시간에도 쉴 새 없이 새롭게 개발되고 출시되는 IoT 서비스와 디바이스들 중 분야별 대표 사례를 정리해 보았다.

1) IoT 디바이스

최근 건강, 의료, 운동, 패션, 가구, 가전 등 새로운 서비스를 위한 다양한 디바이스들이 출시되고 있다.

그런데 새로운 신기술인 것처럼 보이는 이러한 디바이스들을 잘 살펴보면, 이미 이전부터 우리에게 익숙한 형태인 것들이 의외로

많다는 것을 느낄수 있다. 이는 새롭게 개발된 첨단 디바이스들도 있지만, 기존에 존재하는 기술을 이용해 소비자들의 작은 불편을 제거해주려는 의미있는 시도들도 많은 비중을 차지하고 있기 때문이다.

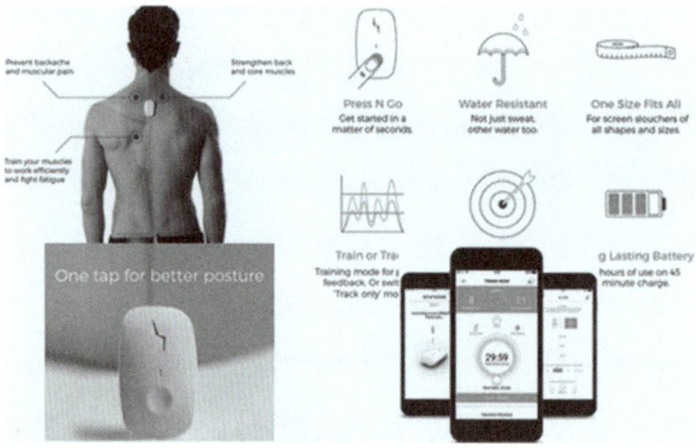

[그림 2-5] 허리 교정기(UPRIGHT GO)

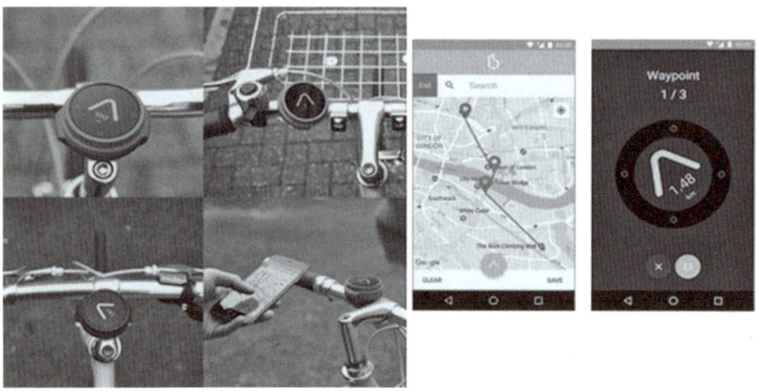

[그림 2-6] 스마트 내비게이션(Beeline)

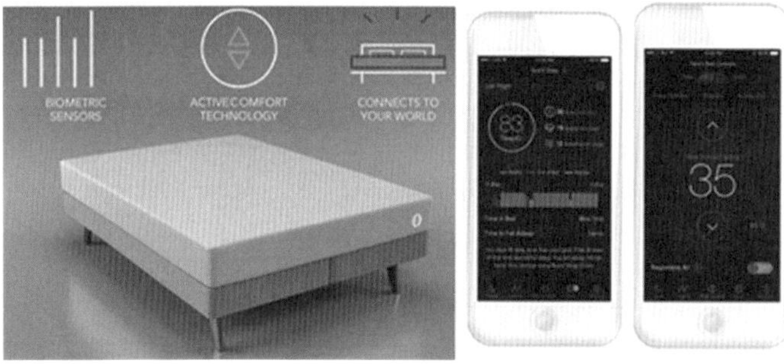

[그림 2-7] Smart Bed(Sleep Number 360)

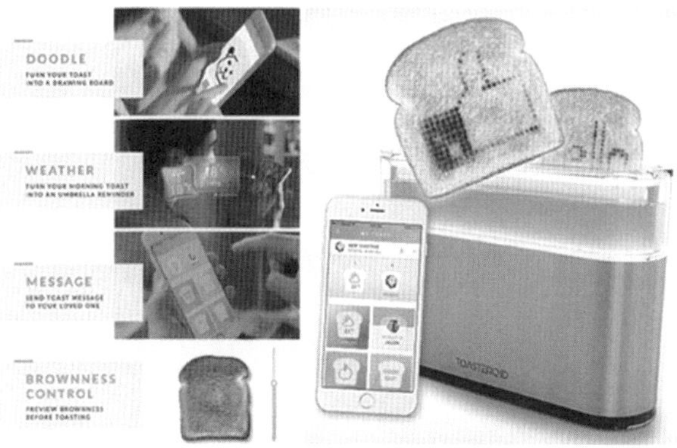

[그림 2-8] 스마트 토스터기(Toasteroid)

[그림 2-9] 스마트 자물쇠(noke)

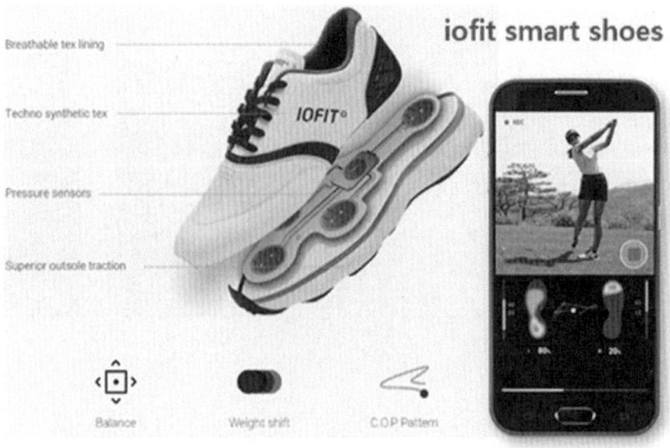

[그림 2-10] 스마트 슈즈(iofit)

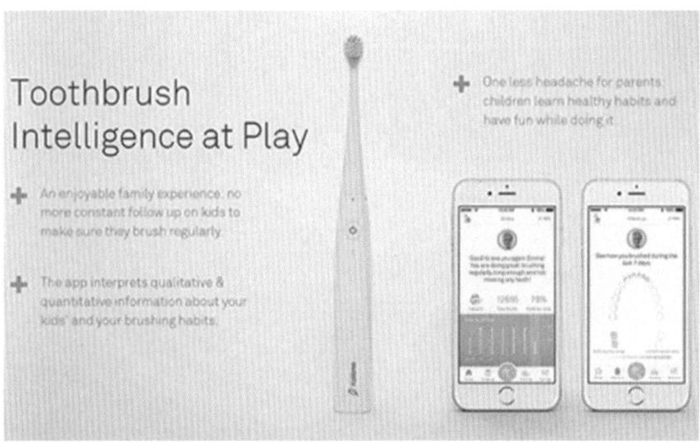

[그림 2-11] 스마트 칫솔(Ara)

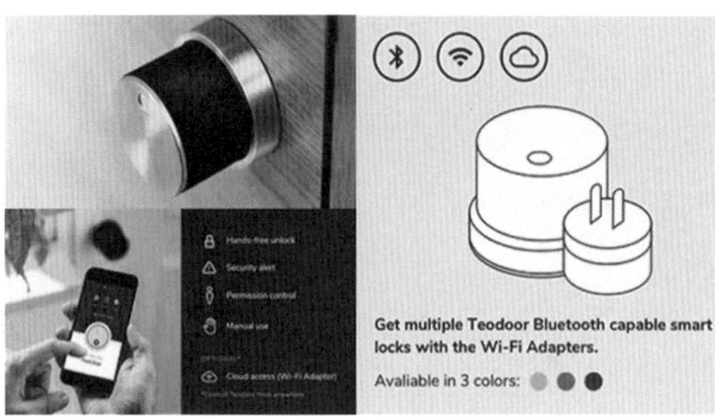

[그림 2-12] 스마트 도어락(Teodoor)

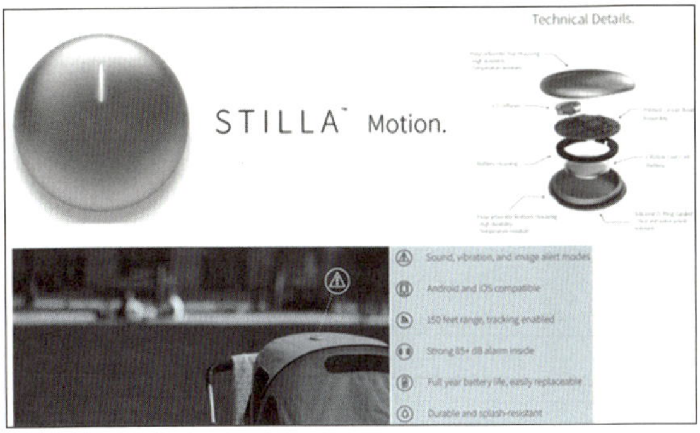

[그림 2-13] 이동형 센서(stilla-motion)

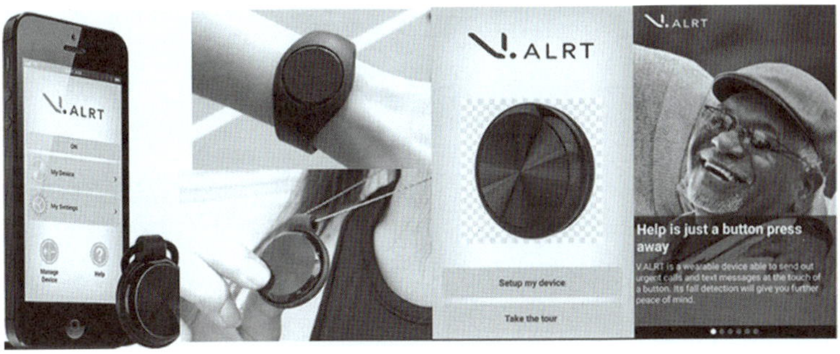

[그림 2-14] 이동형 센서(V.ALRT)

2) 음성인식과 A.I. speaker

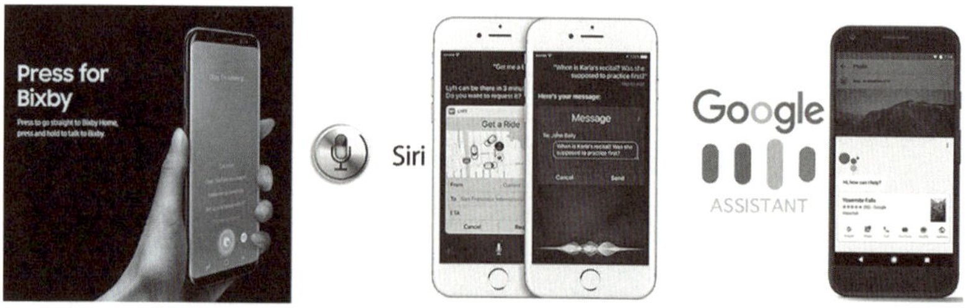

[그림 2-15] 삼성, 애플, 구글의 음성인식 솔루션

[그림 2-16] 주요 글로벌 기업들의 AI.speaker 제품들

위의 그림은 최근 가장 치열한 경쟁을 펼치고 있는 음성인식 프로그램들과 'A.I. speaker' 분야의 다양한 제품들이다.

시장의 절대 강자 아마존을 비롯해 삼성, 구글, Microsoft, Apple 등 글로벌 업체와 SKT, KT 등 이동통신 업체, Naver, Kakao 등 국내 주요 기업들도 제품들을 출시하고 있다.

출혈경쟁을 감수하며 다수의 글로벌 기업들이 이 시장을 진출하는 이유는 IoT 서비스 생태계의 중심인 디바이스를 선점하고자 하기 때문이다. 즉, 향후 모든 연결성의 중심에 있을 가장 유력한 디바이스로 'A.I. speaker'를 보고 있다는 것이다.

현재는 'A.I. speaker'에서 자동차, 건설 장비, 홈 IoT 등 다양한 분야로 광범위하게 확장되고 있다.

3) 스마트 렌즈(Smart Lens)

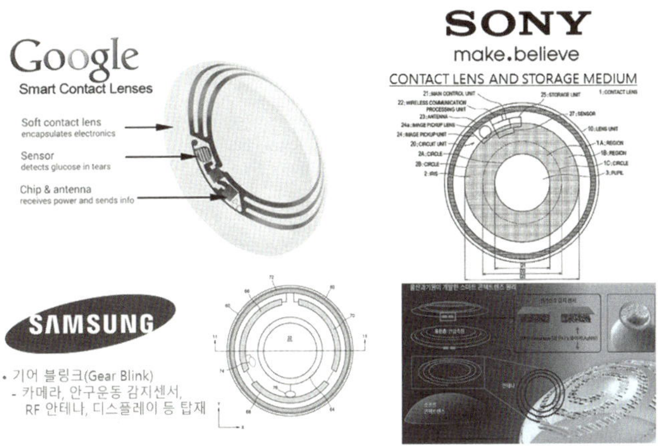

가까운 시일에 우리는 Smart Lens 제품들도 경험해 볼 수 있다. 현재 다양한 제품들이 개발되고 있으며 그 기능들도 다양하다.

2014년 9월 삼성전자가 출원한 '증강현실을 위한 스마트 콘택트렌즈와 그 제조 및 동작 방법' 특허가 지난 16년 4월 5일 공개됐다. 이 스마트 콘택트렌즈 역시 눈에 직접 착용하지만 초박형 카메라, 안구 운동 감지 센서, RF 안테나, 디스플레이가 탑재된다. 눈이 움직이는 방향을 따라 사물을 조작하거나 눈에 비치는 광경을 영상으로 남기는 것도 가능할 것으로 보인다.

소니가 미 특허청USPTO에 '콘택트렌즈 및 저장 장치CONTACT LENS AND STORAGE MEDIUM' 특허를 출원했다고 보도했다. 이 스마트 콘택트렌즈는 기본적으로 줌 인과 줌 아웃이 되는 카메라 렌즈를 갖추고 있으며, 녹화 기능을 비롯해 무선통신 기능까지 갖추게 될 것으로 묘사되어 있다. 이 콘택트렌즈의 카메라 촬영은 눈 깜빡임을 통해 작동할 수 있다. 눈을 여러 차례 깜박이거나 길게 깜박이는 등 눈 깜박임만으로 카메라를 켜고 사진을 찍을 수 있다는 뜻이다. 내장된 센서는 일반적인 눈 깜박임과 작동을 위한 의도적 행동조차 구별할 수 있다. 이뿐만 아니라 무선통신을 통해 동영상을 재생해 볼 수도 있다. 현재 스마트폰으로 할 수 있는 대부분 기능을 콘택트렌즈로 가능해지는 셈이다.

4) 유아용 디바이스 - 래이베이비(Raybaby)

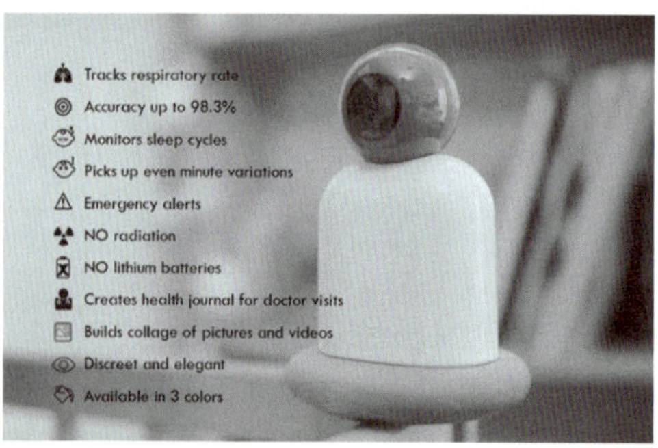

육아를 담당하는 부모는 아이들의 건강, 수면 상태로 인하여 그렇지 않은 부부에 비해 22~27% 정도 수면이 부족한 것으로 알려졌다.

이렇게 육아에 지친 부모를 도와주는 IoT 제품인 래이베이비 Raybaby는 인형 형태의 로봇에 특수 센서를 내장하여 아기의 호흡, 수면 상태를 체크하고 수면 리듬, 경보 알람, 카메라를 통한 영상 제공 등을 스마트폰에 알려준다.

- 특수 센서를 통해 호흡, 수면 상태를 체크, 스마트폰 전송
- 아기 수면 리듬 산출 데이터를 활용해 아기에 맞춰 생활 리듬을 최적화
- 아기에게 무슨 일이 생기면 즉시 경보
- 아기 컨디션 체크, 카메라가 탑재

5) 비콘(Beacon)

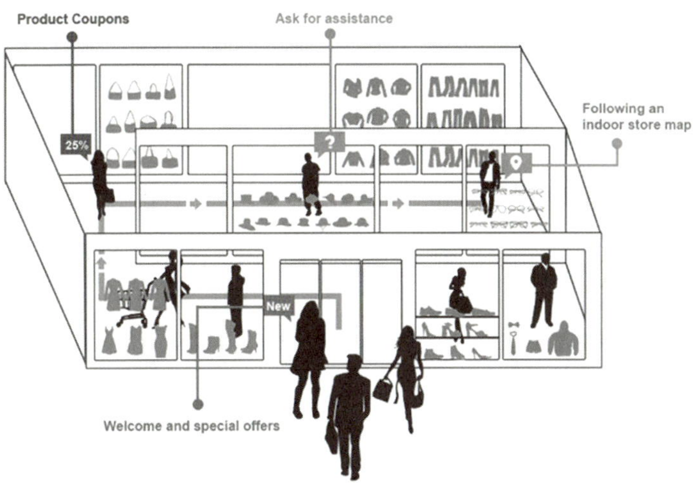

현재 시장에서 가장 쉽게 접할 수 있는 IoT 디바이스 제품들 중 상당수가 비콘Beacon 기반의 제품들이다. 비콘Beacon은 블루투스 기술을 기반으로 근거리에서 감지되는 스마트 기기들에 다양한 정보와 서비스를 제공하는 무선 통신 장치를 말한다. 오차 범위는 약 5cm 정도이며, 페어링은 되지 않는다.

비콘Beacon을 이용하여 사용자가 주변을 지나가거나 방문할 경우 정보 제공이 가능하며 동선 위치가 파악되기 때문에 단순한 형태의 위치안내 역할로도 이용이 가능하다. 또한, 비콘Beacon 제품들은 상대적으로 저렴한 가격과 배터리 시간이 오래 간다는 특성으로 인해 IoT 비즈니스에서 가장 많이 사용되고 있다.

6) 웨어러블(Wearable) 디바이스

IoT 제품들 중 우리 실생활에 가장 밀접하게 관련이 있는 제품들이 바로 웨어러블Wearable 제품들이다. 웨어러블Wearable 디바이스는 신체에 밀착하여 사용하는 기기들을 일컫는다. 기술의 발달로 단순히 스마트폰의 기능을 대신하는 것뿐만 아니라 결재와 헬스케어 기능까지 확대되고 있다. 특히 헬스케어의 경우 센서를 통한 정확한 건강상태 측정이 가능하며, 이를 수집하고 관리하는 기능까지 서비스가 발달하였다.

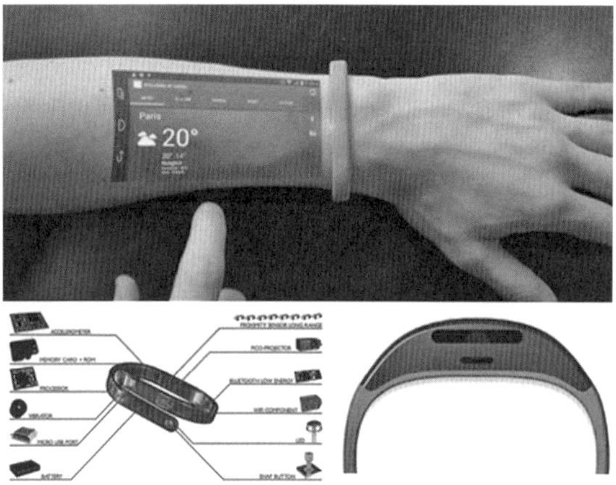

[그림 2-17] 손목형 디바이스(Cicret Bracelet)

[그림 2-18] 부착형 디바이스(Ampstrip)

[그림 2-19] 이동형 디바이스(Senstone)

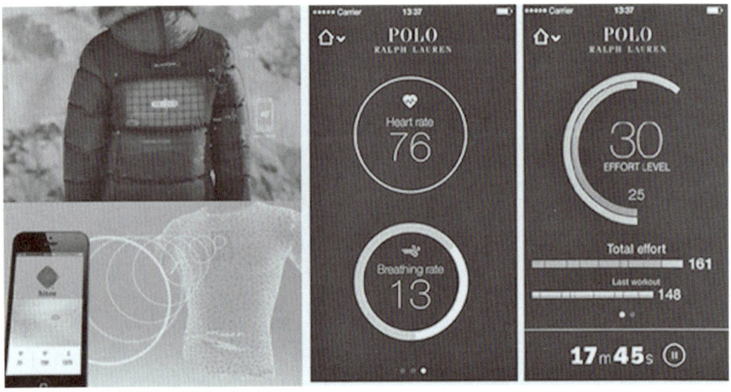

[그림 2-20] 스마트 웨어(Smart wear)

7) Robot Device

최근 첨단 로봇 기술과 IoT 기술의 융합을 통해 활발히 제품 개발이 이루어지고 있는 분야가 로봇이다. 센서 기술 및 로봇공학, 인공지능AI이 결합되어 물류, 유통, 농업, 가전 등 다양한 분야의 실험적인 제품들이 개발되고 있다. 특히 로봇은 인간의 인건비 절감이나 위험 작업의 대체재로서의 역할에 주목받고 있다.

[그림 2-21] Marble: 자율주행 음식 배달 - https://www.marble.io/

[그림 2-22] Kobi: 잔디 정리하고 눈을 치우기 - https://thekobi.com/

[그림 2-23] starship: 무인 택배 배달 - https://www.starship.xyz/

8) 스마트 홈(Smart Home: Home IoT)

『홈 IoT 시장 분석 및 시사점NIA, 2016』에 따르면 'Smart Home'이라는 개념은 유선 · 단순 기기 연결 중심의 홈 네트워크홈오토메이션와 무선 · IoT · 스마트 기기 기반의 스마트 홈, 홈 IoT 간 개념이 혼재되어 사용되고 있다.

스마트 홈은 최근 IoT 서비스가 본격화되면서 삼성전자, LG 전자 등 가전사와 SKT, KT 등 이동통신사를 중심으로 가장 활발하게 이루어지고 있는 IoT 서비스의 대표적인 분야이기도 하다. 따라서 홈

IoT 분야는 일반 사용자들에게도 IoT 기술을 가장 빠르고 손쉽게 체험할 수 있는 분야로 IoT 시장에서 사업화를 가장 많이 시도하는 분야이기도 하다.

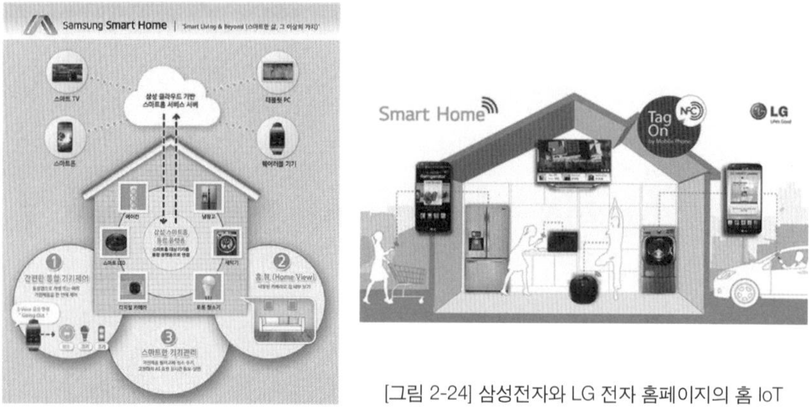

[그림 2-24] 삼성전자와 LG 전자 홈페이지의 홈 IoT

[그림 2-25] KT와 SKT의 홈 IoT 서비스 출시

외국에서도 우리나라와 유사하게 스마트 홈홈 IoT에 대한 관심이 높아지면 관련 시장이 큰 성장을 할 것으로 전망하고 있다.

미국의 경우, 최근 아마존 알렉사로 대표되는 음성인식 기술을 이용한 홈 IoT 시장이 성장하고 있다. 시장조사기관 NPD Group에 따르면 스마트 홈 제품 사용자 중 73%는 이미 음성인식 기능을 사용하고 있고, 61%는 음성인식 기능을 사용해 더 많은 기기를 사용할 수 있기를 바라고 있다고 한다. 최근 미국 내 인기 있는 음성인식 기능을 탑재한 스마트 홈 제품으로는 Phillips사 Hue, Ecobee사 Thermostat, Amazon사 Echo 등이 있다. 시장조사기관 Statista에 따르면 2016년 미국 스마트 홈 시장 규모는 97억 달러에 이르고, 2017년 이후 연평균 21.1% 성장하여 2020년 209억 달러 규모로 성장할 것으로 전망하고 있다.

[그림 2-26] Alexa, Google, Siri 등의 음성으로 제어하는 이케아의 홈 IoT 제품들

중국의 경우, 한국무역협회에서 발표한 '중국 스마트 홈 시장 현황 및 시사점' 보고서에 따르면, 2016년 중국의 스마트 홈 시장은 606억 위안한화 약 10조 4천억원 규모로 전년 대비 50.2% 대폭 성장했으며 향후 5년 동안 50% 이상 성장할 것으로 전망하고 있다. 중국은 전통 가전기업뿐만 아니라, 샤오미, 360, 텐센트 등 IT 기업도 스마트 홈 시장에 진출하여 대규모 연구개발 및 첨단 기술 개발을 추진하고 있다. 또한, 중국 정부에서도 다양한 정책으로 스마트 홈을 중점 분야로 육성하고 있다.

9) 스마트 시티(Smart City)

IoT 기술 및 서비스를 제공하는 각 물리적인 공간들의 최종 통합은 인간 거주의 기본 단위이며, 미래형 도시 형태인 '스마트 시티Smart City'에서 이루어지게 될 것이다. 즉, 플랫폼으로서의 도시City as a Platform가 중요해지고 있는 것이다.

도시는 인간의 정치 · 경제 · 사회적인 활동 무대가 되는 장소이며, 인구 집중으로 인해 비교적 인구 밀도가 높은 지역을 말한다. 최근 교통, 환경, 범죄, 안전 등 급격한 도시화에 따라 발생하는 다양한 문제들은 도시와 인간에게 핵심 이슈가 되고 있다. 이러한 도시 문제에 대한 해법으로 첨단 기술의 집합체인 스마트 시티Smart City가 중요한 대안이 되고 있다. 스마트 시티Smart City는 지속 가능성을 기반으로 하는 모든 기술들이 융합되어 활용되는 도시 발전의 미래를 나타내는 종합적인 개념이다.

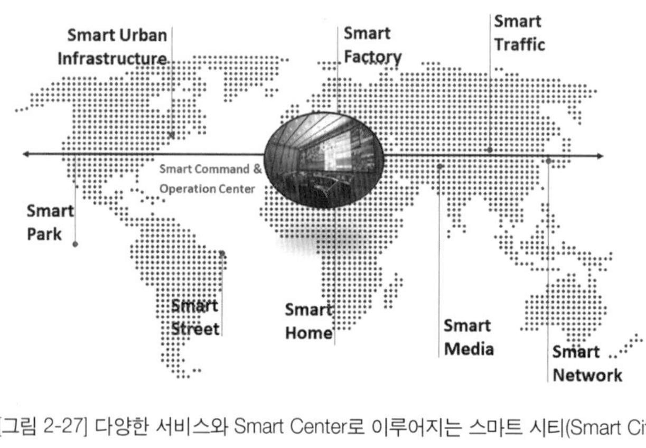

[그림 2-27] 다양한 서비스와 Smart Center로 이루어지는 스마트 시티(Smart City)

최근 4차 산업혁명을 이야기할 때 이러한 스마트 시티Smart City가 중요한 테마 중의 하나로 거론되고 있는 이유는 4차 산업혁명에서 이야기하는 혁신들을 모두 담을 수 있는 공간적인 대상으로 보고 있기 때문이다. 즉, '4차 산업혁명을 위한 공간 플랫폼'이라는 개념으로 스마트 시티Smart City를 이해하고 있는 것이다.

국내에서는 2004년 '화성 동탄 U-City 구축'을 시작으로 U-City 라는 이름하에 오늘날의 스마트 시티Smart City와 유사한 사업을 추진해 왔다. 그러나 정부 주도하에 신도시 개발을 중심으로 추진한 U-City 사업은 사업성 있는 서비스 발굴 부족, 해외시장 진출 실패, 민간주도의 사업 참여 기회 제한 등의 이유로 실효를 거두지 못하고 말았다. 최근 스마트 시티Smart City가 세계적인 트렌드가 되고 있으며 글로벌 기업들이 경쟁적으로 진출하고 있는 분야로 성장했는데, 우리나라의 ICT 경쟁력을 살릴 수 있는 좋은 기회를 잃어버린 아쉬운 부분이라고 할 수 있다. 우리나라는 뛰어난 IT 기술과 통신 기술, 우수한 인적 역량을 바탕으로 다양한 기술을 융복합하는 스마트 시티Smart City 분야에 아주 적합한 환경을 지니고 있어, 글로벌 시장에서도 충분히 경쟁력을 확보할 수 있는 분야로 판단된다.

최근 국내에서는 이러한 스마트 시티 사업을 4차 산업혁명 시대를 준비할 정부의 주요 신성장 동력 사업으로 지정하고, 도시 재생을 중심으로 사업을 추진하고 있다.

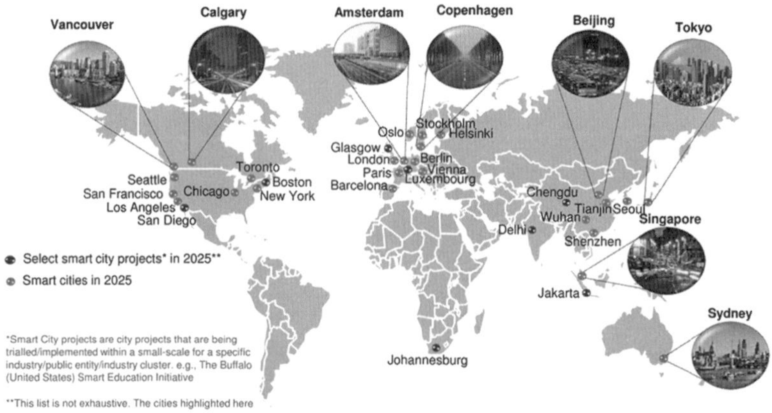

[그림 2-28] 글로벌 스마트 시티(Smart City) 추진 사례

[그림 2-29] 글로벌 스마트 시티 대표 사례로 알려진 UAE Masdar-City

시장조사 기관인 FROST & SULLIVAN의 보고서에서는 글로벌 스마트 시티Smart City 시장 규모를 2020년까지 1,500조 이상CARG 11.5%, 2012Y~2020Y으로 성장할 것으로 보고 있으며, 전 세계 스마트 시티Smart City의 50% 이상은 북미 지역 또는 유럽의 글로벌 도시일 것으로 전망하고 있다.

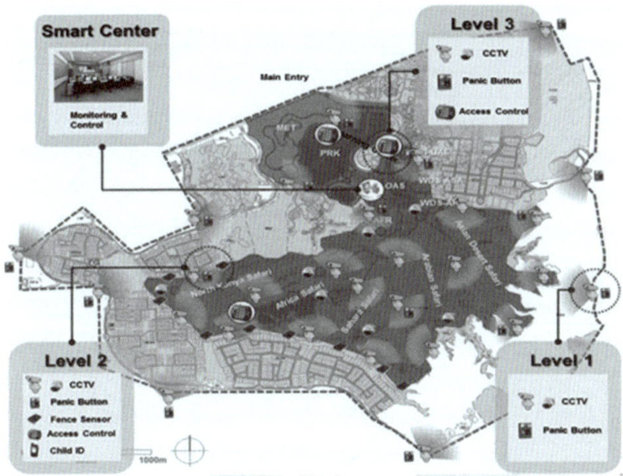

[그림 2-30] UAE 최대 공원인 AWPR(Al Ain Wild Park & Resort)에 적용된 스마트 시티

[그림 2-31] 구글의 사이드워크 랩스(Sidewalk Labs) 홈페이지

최근 스마트 시티Smart City 분야에 다양한 글로벌 기업들이 참여를 하고 있다. 특히 구글은 첨단 기술로 도시 문제를 해결하고 삶의 질을 향상시키는 목적으로 사이드워크 랩스Sidewalk Labs라는 회사를 설립했다.

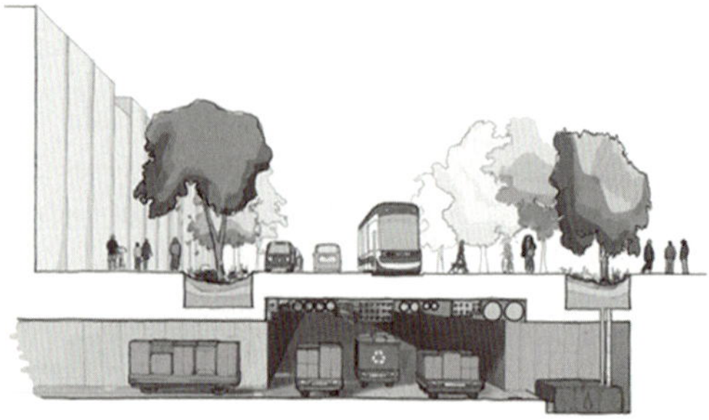

구글은 캐나다 토론토와 협약을 맺고 약 559억 원을 투자해 자율 주행, 쓰레기 수거, 에너지, 교통 시스템 등을 통합한 첨단 기술을 도입하는 스마트 시티Smart City 프로젝트를 추진하고 있다. 토론토의 온타리오 호수 지구에 위치한 퀘이사이드Quayside 및 포트랜드Port Lands 지역에 스마트 시티Smart City를 설계하고 구축을 할 예정이다.

스마트 시티Smart City와 관련하여 세계적인 사례로 평가받는 도시 중의 하나가 스페인의 바로셀로나Barcelona이다. 바로셀로나Barcelona는 시스코 등의 글로벌 기업과 함께 교통 혼잡, 주차, 공해, 안전, 쓰레기 등의 도시 문제를 해결하는 다양한 프로젝트를 추진하고 있다.

[그림 2-32] 스페인 Barcelona Smart City(https://youtu.be/TCbvxb5t5_8)

10) 스마트 카(Smart Car: Connected Car)

IoT 기술과 자동차 기술의 융합으로 급속도로 발전하고 있는 대표적인 분야가 'Smart Car' 분야이다. 이미 기술 개발을 마치고 상업적인 서비스를 제공하고 있는 사례도 다수 존재한다.

Smart Car는 다음과 같이 구분할 수 있다.

- 서비스 중심: Connected Car
- 제품 중심: Self-driving Car

서비스 중심의 Connected Car란 통신망을 연결하여 차량의 자체 정보를 정보기술 기기처럼 사용할 수 있는 자동차를 말한다. 가장 많이 사용하는 기능으로는 무선으로 교통, 뉴스와 날씨 등의 정보를 받을 수 있으며, 차량 상태를 원격으로 제어할 수 있다. 주요 기능으로는 원격 관리, 정보 지원, 콘텐츠 지원, 음성 인식, 차량 안전 진단 등이 있다.

[그림 2-33] 다양한 형태의 자율주행 셔틀
(로컬모터스 올리/이지마일 EZ10/벤츠 퓨처버스/나브야 아마)

제품 중심의 Self-driving Car란 '자율 주행차'를 말한다. 운전자가 운전대나 가속페달, 브레이크, 기어 등을 조작하지 않아도 스스로 목적지까지 주행하는 자동차를 말한다. 자율주행 기술 개발은 글로벌 자동차 기업들과 구글을 대표하는 IT 기업 간의 치열한 경쟁으로 [표 2-2]에서처럼, 2020년 완벽한 자율주행을 위한 'Level 3' 이상을 목표로 진행되고 있다.

(1) 자율주행의 발전

출처: 미국 도로교통안전국(NHTSA), KT 경제경영연구소 등 도표 재구성

	Level 0	Level 1	Level 2	Level 3	Level 4
	No Automation 운전자에 의해 완벽하게 제어되는 차량	Function Specific Automation 1개 이상의 특정 제어기능을 갖춘 자동화 시스템	Combined Function Automation 2개 이상의 특정 제어기능을 갖춘 자동화 시스템	Limited Self-Driving Automation 가속, 주행, 제동 모두 자동으로 수행하는 자동화 시스템 (필요 시 운전자 개입)	Full Self-Driving Automation 100% 자율주행
운전자 역할	직접 운전	직접 운전 (운전 보조장치)	운전자 주행상황 항상 주시	운전자 자동운전 결정 (자율주행 환경에서만)	운전자 목적지 입력까지만
대표 기능	주행 보조장치 없음	크루즈컨트롤, 전자식안정화컨트롤, 차선 인식 등 정속주행, 긴급제동, 차선유지, 이탈방지 등	장애물 회피, 브레이크 제어, 주차보조기능 등 적응형 크루즈컨트롤 (차간거리 유지)	교통혼잡시 자동차 스스로 저속주행, 운전자 조작없이 고속도로 주행, 자동 차선변경 등	환경 상관없이 자율운전
운전자 모드		Hands-On Feet-On Eye-On	Hands-Off Feet-Off Eye-On	Hands-Off Feet-Off Eye-Off(자율주행시)	Hands-Off Feet-Off Eye-Off
	Now			2020+	2025+

[표 2-2] 자율주행의 5단계

11) 헬스 케어(Health Care&Wellness)

헬스 케어 시장은 글로벌 기업들 간의 경쟁과 새로운 기술 개발이 가장 치열한 분야이기도 하다. 시장 초기 다양한 웨어러블 상품을 통해 사용자들에게 인지도를 넓혔으며, 최근 인공지능AI이 접목된 IBM 왓슨WATSON이 유명해지면서 경쟁이 더욱 치열해지고 있다. 관련 분야 또한 웨어러블, 건강과 웰니스, 다이어트, 간편 의료진단, 원격진료 등으로 확장되면서 다양한 서비스들이 활발히 출시되고 있다.

특히, 최근 헬스 분야에서 의료 데이터의 중요성이 부각되면서 이에 대한 주도권을 확보하기 위해 전통적 헬스케어 기업이 아닌 구글, 애플, 마이크로소프트, IBM, 아마존 등이 시장에 대한 과감한 투자와 새로운 솔루션 개발을 추진하고 있다.

IBM이 개발하여 제공하고 있는 의료 인공지능AI 진료는 '왓슨 포 온콜로지Watson for oncology' 서비스이다. 2016년 가천대학교 길병원에 암 진단을 위해 처음 도입된 이후 부산대, 대구가톨릭대병원 등 모두 7개 병원에 도입되었다. 2017년 12월 가천대 길병원이 발표한 의견 일치율은 56% 수준으로, IBM이 소개하는 대장암 등 5개 암에서 91~100%의 일치율보다 많이 떨어진다. 인종적 특성 등에 따른 차이라고 설명하기도 하나, 초기부터 훈련용 데이터를 검증용으로 사용하는 등 성능이 과장되었다는 의견도 있다.

HealthKit CareKit ResearchKit

구글은 최근 헬스 케어 분야에 가장 많이 투자를 하고 있는 기업이다. 현재까지 약 30개의 헬스 케어 관련 기업에 투자하고 있는 것으로 알려져 있다. 대표적인 사례로는 노화 방지 연구를 위한 칼리코Calico, 신약 개발을 위한 노바티스Novartis, 수술용 로봇 개발을 위한 존슨앤존슨Johnson&Johnson, 당뇨 치료제 개발을 위한 온듀오Onduo 등이 있다.

애플은 헬스 케어 관련 서비스 확대를 추진하고 헬스킷HealthKit을 중심으로 다양한 의료 데이터를 수집, 관리, 유통하는 통합 의료 서비스를 추진하고 있다. 애플의 헬스킷HealthKit은 헬스 케어 관련 개발 지원을 통해 건강 및 활동 데이터를 사용할 수 있게 해주며, 2015년에 이미 미국의 선도 병원 23개 중 총 14개 병원이 이를 도입했다고 한다. 또한, 리서치킷ResearchKit은 앱 개발용 오픈소스 프레임워크로 아이폰 사용자로부터 건강 데이터를 연구하고 수집할 수 있도록 해준다. 파킨슨병, 자폐증, 발작 예측, 수면 건강 등 연구에 주로 사용된다고 한다. 마지막으로 케어킷CareKit은 건강 상태 관리를 위한 오픈소스 프레임워크로 심장마비, 소아 건강관리, 당뇨병 등 분야에 사용되고 있다.

12) Smart Distribution(물류, 유통)

출처: www.amazon.com/b?node=16008589011

물류나 유통 분야의 비용 혁신은 오랜 시간에 걸친 업계의 난제 중 하나이다. 특히 인건비와 재고 관련 혁신을 이루기 위해 많은 노력을 했던 업계들은 최근 IoT 기술과의 융합을 통해 무인점포, 자동결제, 재고관리 등의 기술을 개발하여 시험하고 있다. 이러한 노력의 대표적인 사례가 아마존의 스마트 점포 시스템인 'amazon go'이다. amazon go는 'Just Walk Out technology'라는 캐치프레이즈 아래 첨단 쇼핑을 구현하고 있다. amazon go를 이용하는 순서는 다음과 같다.

① 자율주행 센서가 부착된 카메라가 구매 목록 확인

② 진열대에서 가상의 장바구니에 등록이 되고 내려놓으면 다시 삭제됨

③ 카메라와 센서를 통해 진열대에 제품을 들어 올리는 동작을 인식

④ 매장을 나가면 앱에 등록된 결제 수단으로 자동 계산, 영수증 송신

초기 amazon go는 미국 시애틀에 약 51평 규모로 오픈되어 아마존 직원 대상으로 한 시험 운영을 한 후, 2018년 초 일반인에게 공개되었다.

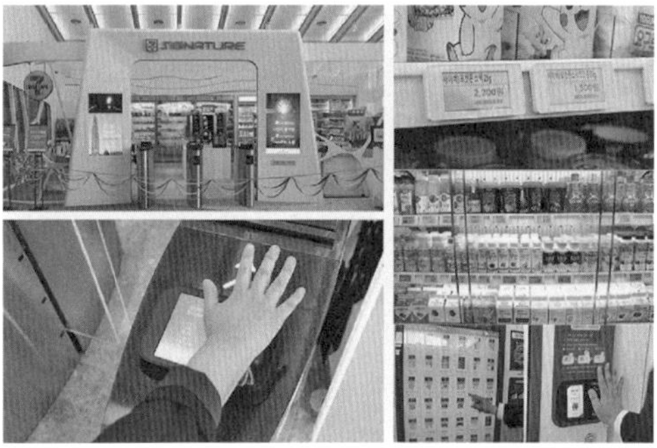

국내의 스마트 무인점포 사례로는 잠실 롯데에 오픈한 편의점인 '세븐일레븐 시그니처'가 있다. 국내 최초의 무인편의점인 '세븐일레븐 시그니처'는 생체 인식 결제 기술을 이용한 첨단 스마트 편의점으로 생체인식, CCTV, 각종 센서 등이 적용되어 있다.

- 핸드페이 시스템: 정맥 혈관 굵기, 선명도, 모양 등의 패턴을 이용해 이용 고객을 판별, 결제
- 상품 확인: 360도 초고속 스캔 가능한 무인 계산대
- 상품 가격: 전자 가격 태그
- 바이오 인증 서비스가 적용된 디지털 담배 자판기
- 냉장 코너, 실내 온도 등 다양한 센서
- 스마트 CCTV, 디지털 사이니지 등 운영관리를 위한 다양한 디바이스 사용

대형 마트를 운영하는 이마트에서도 최근 '이마트 24'라는 편의점을 대상으로 IoT 기술을 도입하여 '무인편의점' 시범 운영에 들어갔다. 우선 전국 4개 매장에 대해 야간 혹은 24시간 동안 시험 운영하게 된다.

- 모든 신용카드 인증만으로 이용 가능
- 신용카드 리더기, 셀프 계산대, 고음 인식 시스템 등 기술 사용
- 온습도(냉동 냉장) 센서, 화재감지 센서(SMS 연동), 24콜센터 등
- 24시간 완전 무인화와 야간 시간 무인화 두가지 형태로 운영

편의점의 천국이라고 불리는 일본에서는 일찍이 다양한 기술들을 통해 편의점을 자동화하려는 노력을 해왔다. 최근 일본의 대표적인 편의점 기업인 로손LAWSON은 파나소닉과의 합작을 통해 무인편의점을 구축하고 운영하고 있다.

- Robotic Checkout System "Regi-robo(TM)" with RFID Tags for Next Generation of Retail
- RFID, 전용 장바구니, 로봇 계산대 등을 이용한 무인 계산 시스템
- 드론과 CCTV를 이용한 도난 방지
- 현재는 점원과 무인 시스템 동시 운영(재고관리는 점원이 수행)

중국 빙고박스BingoBox은 중국 스마트 편의점의 선두 주자로 중국판 '아마존고'로 알려져 있다.

현재 중국에는 무인편의점 경쟁이 치열하여 알리바바를 포함한 30여 개 업체가 무인편의점 사업에 진출하고 있다. 이처럼 무인편의점 경쟁이 치열한 이유는 넓은 국토에서 많은 편의점을 운영하기 위해 수반되는 비용을 절감하려는 목적 때문이다. 중국에서 발표된 통계자료에 따르면, 무인편의점은 일반 편의점 대비 75% 비용 절감이 가능하다고 한다.

▪ 중국 기준으로 한달 운영비가 약 40만 원 정도 소요
▪ 현재 편의점 수 3만 개로 향후 큰 성장 전망(일본 약 15만 개)
▪ 출입구 온오프: QR 코드 스캔 + 위챗 계정 사용, 스마트폰 실명 인증
▪ 결제: 셀프 카운터 센서판에 상품명, 가격, 총 금액 표시. 3가지 QR 코드 (위챗 페이, 알리페이, 앱 결제) 선택
▪ 통합 재고관리, CCTV 통합 관제 기반의 도난 방지 시스템

새로운 의류 택배 서비스인 'Amazon Prime Wardrobe아마존 옷장 서비스'도 최근 시범 서비스 중이다. 아마존Amazon 프라임 회원들을 대상으로 고객이 직접 입어 보고 구매할 수 있는 서비스인 'Amazon Prime Wardrobe아마존 옷장 서비스'는 의류, 신발, 액세서리 등 3개 이상 주문이 가능하며 고객은 상품 배송받은 후 7일 이내 착용한 후 마음에 드는 상품을 구매하거나 반송이 가능하다.

배달된 상품 중 3~4개 품목을 구매하면 10% 할인이 적용되고 5개

이상 구매하면 20%까지 할인이 적용된다. 제품이 마음에 들지 않을 경우 반송은 반품 박스에 담아 택배로 보내면 된다.

[그림 2-34] Amazon Prome Air

지난 2016년 말 최초의 사업용 드론 배송이 이루어졌다고 아마존이 발표를 했다. 'amazon Prime Air'로 알려진 아마존 드론 배송이 영국에서 최초로 실제 배송에 적용되었으며, 아마존은 이 과정을 유튜브에 공개하였다. 아직 배송 가능 지역이나 규제 등의 문제가 있기는 하지만, 실험적인 드론 배송이 실제 업무에 적용되었다는 의미가 있는 사건이었다.

[그림 2-35] 도미노 배송 서비스 Domino's Robotic Unit (DRU), Domino's DomiCopter

아마존과 함께 Smart Distribution 분야에서 다양한 시도를 하고 있는 기업은 세계적인 피자 업체 도미노 피자이다. 도미노는 'Domino's Robotic UnitDRU', 'Domino's DomiCopter'라는 서비스를 오래전부터 시험해 왔으며, 2017년부터는 실제 업무에 투입하기 시작하였다.

(1) Domino's Robotic Unit (DRU)

- 독일 함부르크, 자율주행 배달 로봇을 정식 가동'17.05
- 피자 10개를 한꺼번에 배달할 수 있으며, 신선도를 위한 온도 조절 장치를 내장
- 음성으로 피자를 배달할 수 있는 음성인식 비서 'DRU 어시스트'
- 제작: 유럽 스타트업-스타십 테크놀로지스

(2) Domino's DomiCopter

- 영국, 뉴질랜드 등에서 드론 배달('13.06,'16.10)
- 뉴질랜드: 신선도 유지 기능, GPS 기반 25Km 배달, 10분 안에 피자 배송 목표, 뉴질랜드 외에도 호주나 프랑스, 네덜란드, 독일, 벨기에 등 확대 예정
- 이슈: 항공 관련 보안 문제 상업화 문제
- 제작: 영국-에어로사이트(AeroSight), 미국-플러티(Flirtey)

13) 소프트웨어 교육용 Device

4차 산업혁명 시대에 대한 준비를 위한 인력 양성도 중요한 문제이다. 지금까지와는 다른 시대에 적합한 인재를 위해 다양한 시도들이 이루어지고 있으며, 이를 위해 공교육 시장에서 추진되고 있는 것이 2018년부터 본격적으로 도입되는 '소프트웨어 코딩 교육'이다.

4차 산업혁명을 위한 논리적 사고력과 창의적 아이디어를 키워줄 수 있는 다양한 교육용 IoT 제품들이 출시될 예정이다. 특히 우리 주변에서 흔히 접할 수 있는 IoT 센서 및 모듈을 이용하여 아이들이 쉽고 재미있게 사용할 수 있는 제품들이 개발되고 있다.

교육용 디바이스들은 아두이노Arduino, 라즈베리파이RaspberryPi 등의 오픈소스 하드웨어OpenSource Hardware들을 이용하는 것이 일반적인 추세였으나 최근에는 교육 목적에 최적화된 전용 디바이스들이 출시되고 있다.

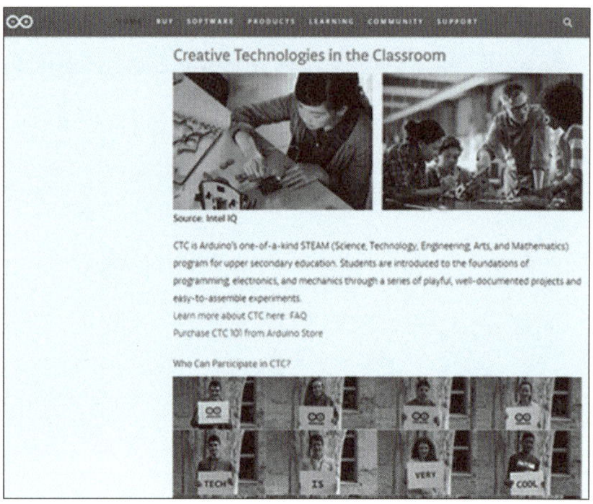

[그림 2-36]
https://www.arduino.cc

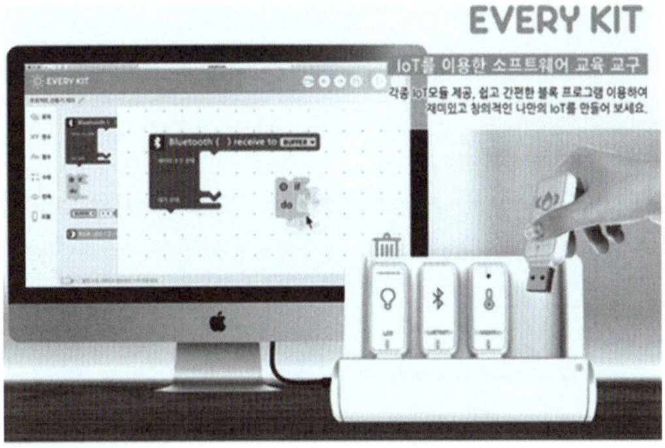

[그림 2-37] http://everykit.io/

14) CCTV Device

최근 범죄 예방이나 교통 정보 제공, 레저 등 다양한 용도로 사용되고 있는 것이 CCTV이며, CCTV가 만들어 내는 영상 데이터는 일상생활 전반에 걸쳐 사용되고 있다.

zdnet에 따르면 2022년에는 전 세계 약 44조 개 카메라가 우릴 지켜본다고 한다.

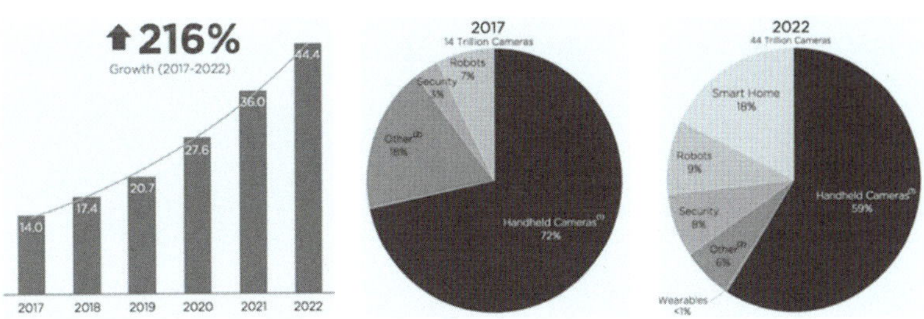

[그림 2-38] CCTV 디바이스의 증가, 카메라(단위: 조), zdnet

CCTV는 스마트폰, IoT 기술과 함께 우리 주변에 급격하게 증가하고 있는 대표적인 디바이스이다.

영상인식 기술 전문 벤처 캐피탈 'LDV 캐피탈'은 일반 감시카메라, 스마트폰, 스마트 홈 기기, 로봇 기기 등에 탑재되는 카메라 포함한 CCTV 디바이스의 확산에 대해 다음과 같이 전망하고 있다.

- 2017년 약 14조 개의 카메라 센서가 거리에 존재
- 2022년 약 44조 4,000억 개의 카메라 센서가 보급 216% 증가 전망
- 2017년: 72% 디지털카메라 · 스마트폰 등 소형 디바이스 탑재, 7% 로봇 장비, 3% 보안 장비, 18% 기타
- 2022년: 소형 장치의 비율은 59%로 감소, 스마트 홈 기기 18%로 크게 증가, 보안 장비가 8%로 증가

최근의 CCTV 카메라는 영상 카메라 이외에 음성 센서, 터치 센서, 환경 센서 등 다양한 IoT 센서들을 탑재하여 복합적인 용도로 사용되고 있다.

04 주요 글로벌 기업들과 표준화 동향

1) IoT Value chain

본 장에서는 IoT 관련 주요 Player의 동향을 살펴보고 표준화와 관련된 동향을 살펴보도록 하겠다.

우선 IoT 관련한 주요 Player를 살펴보기에 앞서 IoT 분야의 'Value chain'을 정리해 보자. 미래부의 '사물인터넷 기본 계획'에서는 [표 2-3]과 같이 IoT의 생태계를 전통적 방식인 서비스S-플랫폼P-네트워크N-디바이스D-보안Se 관점에서 구분하고 있다.

	생태계 현황	연계전략	
서비스(S)	• (공공) 다양한 시범사업을 추진하였으나, 개발, 운영비용 부담 등으로 확산 저조 • (산업) 대기업 중심으로 도입, 중소기업은 비용문제로 도입 저조 • (개인) 웨어러블, 가전, 자동차 등은 글로벌 기업 간 경쟁 중 중소기업은 다양한 생활제품 응용분야에 진출 노력 중	비타민 프로젝트 각부처 지자체 전산업	중소벤처의 서비스 개발 지원
플랫폼(P)	• 국내 대기업은 플랫폼을 개발 중이나, 글로벌 시장 주도력 부족 • 국내 중소기업은 플랫폼 부재로 시장진입 어렵고, 글로벌 기업에 종속우려 • oneM2M*('12.7월) 중심으로 국제표준화 추진 중('14.8월 완료예정	Global 기업, 대기업, 통신사 -> 국제 표준	개방형 플랫폼 제공
네트워크(N)	• 급증하는 트래픽을 SW로 유연하게 처리하는 기술개발 중 • 원격지 사물 연결을 위한 저전력 장거리 비면허 대역 통신요구 증대 • 5G, Giga인터넷, IPv6 등 사물인터넷 활성화를 위한 인프라 개발, 구축 중	Giga 인터넷, 5G, IPv6	인프라 투자 유도
디바이스(D)	• 스마트폰 이후 글로벌 기업 중심으로 실감, 지능, 융합형 디바이스 개발 경쟁 중 • 웨어러블 디바이스, 스마트센서 등을 중심으로 시장 확대 전망	스마트센서, Wearable, Connected Car	센서/디바이스 경쟁력 강화
보안(Se)	• IoT 서비스(홈, 가전, 의료 등) 보안 침해사고 사례가 나타남에 따라 보안 대책 논의를 시작하는 단계 • 설계단계부터 보안, 프라이 버시 등을 고려한 기술 및 서비스 개발 필 요	정보보호, Privacy, 인증/암호	기획단계부터 보안을 고려한 서비스 개발

[표 2-3] 미래부의 IoT Value chain

가트너는 2013년 IoT의 구성 요소를 수평적인 기술 요소Horizontal technologies 시장과 수직적인 산업Vertical industrial sector 시장으로 구분하여 분석하였다.

수평적인 기술 요소 시장은 전통적인 기술 생태계를 분류하여 구분한 것이다. 반면 수직적인 산업 시장은 비즈니스 도메인들을 종류별로 구분한 것이다. IoT 생태계에서 이들 간의 구분이 중요한 이유는 기술과 비즈니스의 생태계가 명확하게 구분되지 않고 혼선을 야기하고 있기 때문이다. 수직적인 산업의 시장에서 비즈니스를 하고 있는 기업에서 수평적인 기술 기업을 직접 경쟁자로 오인하여 전략을 수립하게 되는 경우가 발생한다.

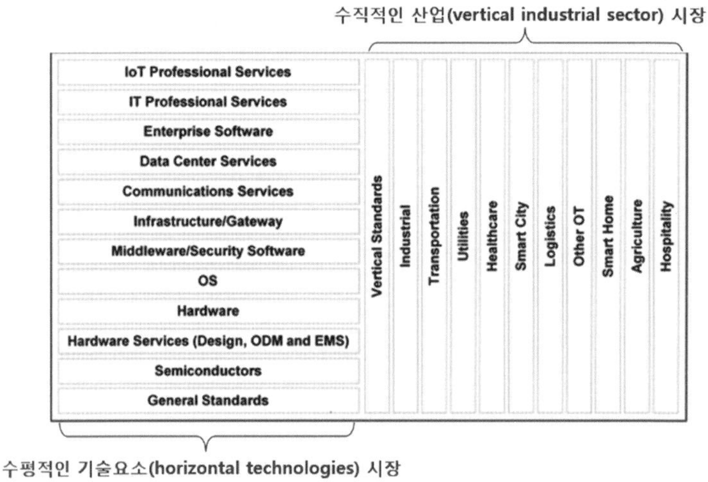

이와 같은 구분과 분석은 다양한 수직적 산업 시장에서 활용할 수 있는 수평적인 IoT 기술 요소들이 공유되고 있음을 보여주고 있다. 또한, 수평적인 IoT 기술 요소들이 다양한 산업 분야에서 활용되기 위해서는 산업별 표준 · 기술 · 프로세스 등에 알맞게 적용되어야 하는 상황을 설명하면서, 전체적인 IoT 관련 생태계Eco system가 어떻게 구성되어 있는지를 거시적으로 나타내고 있다.

2) 구글(Google)

Google은 막강한 자본력을 무기로 다양한 업체를 M&A하며 영역을 넓혀가고 있다. M&A를 통해 합병한 대표적인 회사로는 네스트Nest, 딥마인드Deep Mind 등이 있다.

(1) 네스트(Nest)

애플 출신의 토니 파델과 맷 로저스가 2010년 창업한 회사로서 인공지능AI과 통신 능력, 머신러닝 기술까지 갖춘 온도 조절 장치를 개발했으며, 2014년 약 32억 달러에 구글에 인수되었다.

이 회사의 기술은 특히 홈 IoT 분야에 강점을 가지고 있다고 평가되고 있으며, 에너지 관련 기술도 보유하고 있는 것으로 알려져 있다. 네스트는 2013년 미국의 전력 회사와 '전력 제어 서비스'를 개발했으며, 네스트를 인수한 후 구글은 17개 전력 회사와 제휴를 맺었다.

(2) 딥마인드(Deep Mind)

인공지능 '알파고'로 최근 대중들에게 인지도가 높아진 회사로 인공지능AI 소프트웨어를 개발하는 영국 회사다. 구글이 2014년 6억 2,000만 달러약 7656억 원에 인수했으며, 구글의 다양한 기술 개발에 활용되고 있다.

Google은 새로운 분야 진출의 핵심 전략으로 M&A를 적절히 구사하는 회사로 검색에서 AI, IoT, 클라우드 플랫폼 등으로 영역을 확대해 가고 있다. 아래는 Google의 연도별 M&A 분야 및 개수를 나타낸 도표이다.

출처: KT경제경영연구소, 글로벌 ict 기업의 m&a 트렌드와 전략

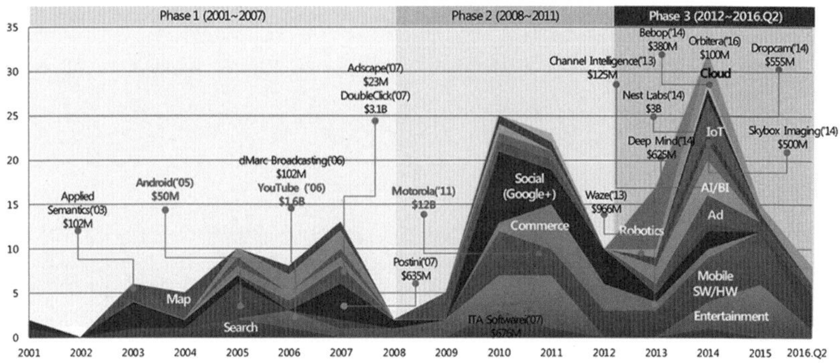

[그림 2-39] 구글의 연도별 M&A 추진 현황

KT 경제경영연구소의 보고서에 따르면,

- 현재 대표 서비스 대부분은 2001 ~ 2007년까지 Phase 1 기간에 인수된 서비스로 구성
- 2008 ~ 2011년까지 Phase 2 기간에는 70여 개의 M&A가 집중적으로 이루어짐
- 2012년부터 구글의 전략은 변화를 보인다. 인공지능AI, 사물인터넷IoT, 클라우드 등 신사업 추진을 추진하기 위해 필요한 부분들을 자체 개발보다는 핵심 플랫폼과 기술력을 보유한 업체를 인수 추진

구글은 이 기간 동안 해당 플랫폼에 서비스가 가능한 업체들을 지속적으로 인수하며 단기간에 신사업 상품을 완성했다. 알파고로 유명해진 AI 플랫폼 업체 딥마인드, 홈 IoT 플랫폼 기업 네스트랩스, 클라우드 플랫폼 SW 회사인 오르비테라 인수가 대표적인 M&A 사례이다.

3) 아마존(Amazon)

아마존은 IoT 분야에서 가장 선도적인 회사로 알려져 있다. 실험적인 측면의 다양한 IoT 디바이스와 IoT 서비스들을 개발 및 도입하고 있으며, 실제 업무 적용에도 가장 활발하게 나서고 있다.

[그림 2-40] 아마존 IoT 서비스

아마존의 대표적인 서비스들로는 '아마존 대시', 'PrimeNow', 'Kiva', 'Prime Air' 등이 있다.

'아마존 대시'는 동전 크기의 버튼 타입 소형 단말기로 집안에서 특정 제품에 붙여 놓고 사용한다. 사용자가 사전에 등록해 놓은 제품이 필요할 때 아마존 대시 버튼을 누르게 되면 자동으로 주문 후 배달까지 된다. 2016년 기준으로 18개 이상의 제품이 지원되고 있으며 지속적으로 확대되고 있다. 최근에는 마이크와 바코드 스캐너를 내장하여 사용자가 음성으로 사고 싶은 물건을 이야기하거나 마트에서 물건의 바코드를 스캔하면 자동으로 배달 서비스가 가능한 '아마존 대시 원드Dash Wand'도 출시하였다.

'PrimeNow'는 우리나라의 오토바이 택배와 유사한 서비스로 PrimeNow 모바일 앱을 통해 제품을 주문하면 배송을 해주는 서비스이다. 아마존 프라임 화원으로 등록한 고객들에게 2시간 이내의 배달은 무료로 제공되며, 7.99달러를 지급하면 즉시 배달 서비스를 해주고 있다.

인공지능AI과 IoT 기술을 활용한 아마존의 물류 로봇 'Kiva'는 아마존에서 M&A한 물류 로봇 생산업체의 이름이자 로봇의 이름이다. 2012년 아마존에서 인수한 Kiva의 물류 로봇은 아마존 물류비용의 약 20%를 절감하는 물류 시스템의 혁신을 일으키고 있다. 다른 물류창고와 다르게 인력이 거의 없는 형태로 운영되며 향후에는 분배 라인, 생산 라인 등으로 확대될 예정이다.

출처: KT경제경영연구소, 글로벌 ict 기업의 m&a 트렌드와 전략

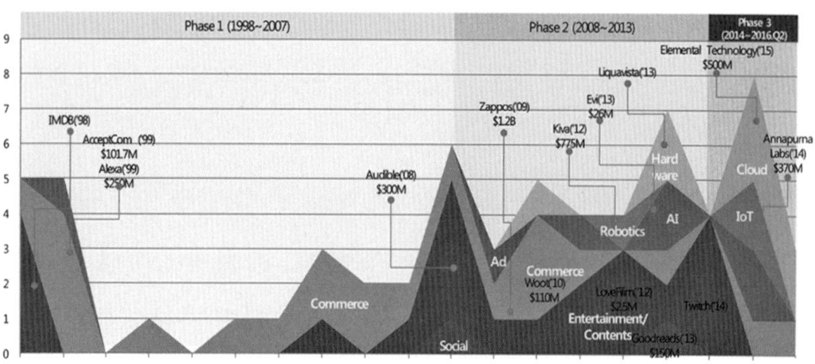

[그림 2-41] 아마존의 연도별 M&A 추진 현황

아마존의 드론 택배 서비스 'Prime Air'는 일반인들에게 가장 이슈가 되었던 서비스이다. 배달 환경, 법적인 규제 등의 장애물들을 극복하고 상용화 서비스가 가능할 것인가에 대한 다양한 의견들이 있었으나, 아마존은 지속적인 연구개발을 통해 2016년 12월 영국에서 최초의 사용 서비스를 시작하였고 향후 지속적으로 확대할 예정이다.

아마존 역시 구글과 유사하게 새로운 분야에 진출할 경우 M&A를 통해 새로운 기술과 사업 역량을 확보해 왔다. 아마존은 이를 통해 기존 전자상거래에서 클라우드Cloud, 인공지능AI, 사물인터넷IoT으로 영역을 다양화하고 있다.

KT 경제경영연구소의 보고서에 따르면,

- Phase 1~2 까지는 스마트폰, 전자책 리더기 등 고객 접점 디바이스부터 로봇 기반 물류까지 전자상거래 밸류 체인을 강화하는 방향으로 M&A가 진행, 스크린터치 기술 업체 리퀘비스타, 로봇 기반 물류회사 키바가 대표적인 인수 사례로 꼽힌다.
- 2014년 이후 현재까지 Phase 3기간 동안 아마존의 M&A는 AWS아마존 웹 서비스: Amazon Web Service 중심의 클라우드 사업을 강화하는 방향으로 진행

데이터 마이그레션 업체 아미아토, 영상처리 업체 엘리멘탈테크놀로지스, 소프트웨어 업체 클러스터크, 클라우드 컴퓨팅 업체 나이스를 연달아 인수해 관련 기술들을 AWS에 적용하고 있다.

이 중 반도체 업체 안나푸르나랩스는 IoT 부품 시장을 공략할 것으로 보인다. 인수 당시 안나푸르나랩스의 반도체 기술은 아마존의

사내 클라우드 센터의 운용 효율화 목적으로 활용될 것으로 알려졌다. 하지만 2016년 안나푸르나랩스가 IoT 관련 장비 와이파이 라우터에 들어가는 반도체 알파인을 출시하며 아마존은 IoT 부품 시장까지 진출하는 모습을 보였다.

4) 애플(Apple)

iOS로 유명한 애플은 IoT 핵심 플랫폼으로 '홈 킷HomeKit'을 내세우고 있다. '홈 킷HomeKit'은 애플의 아이폰을 중심으로 각종 가전기기들을 연결하는 스마트 홈 플랫폼이다. 이전에는 각각 전용 앱을 이용하여 실행해야 했지만 '홈 킷HomeKit'을 이용하면 스마트 잠금 장치, 조명, 카메라, 온도 조절, 플러그, 스위치 등과 사용자의 아이폰을 연결하여 각각의 디바이스 혹은 디바이스들을 그룹으로 제어할 수 있도록 한다.

또한, 애플이 추진하고 있는 IoT 분야는 자동차, 헬스 케어, 가전 등으로 영역을 확대하고 있다. 애플은 2013년 발표한 자동차용 OS인 '카 플레이Apple CarPlay'를 기반으로 스마트 카 개발에 지속적으로 힘을 싣고 있으며 현재 다양한 글로벌 자동차 업체들의 차량용 인포테인먼트 시스템에 탑재되고 있다. 2020년 자율주행차인 애플카를 선보이겠다는 목표다.

특히, 최근 헬스 케어 분야에서 헬스 킷HealthKit, 리서치 킷ResearchKit, 케어킷CareKit 기술을 통해 앱 생태계를 확장하고 의료 데이타 시장까지 영역을 확대하고 있다.

애플은 스마트폰 시장의 절대 강자이다. 따라서 애플의 IoT 전략의 중심에는 항상 아이폰이 있었다. 아이폰 생태계를 기반으로 모든 IoT 기술을 통합하고 이를 통해 시장 지배력을 확보하려는 의도인 것이다. 이를 위해 애플은 MfiMade for iPhone 라이선스 프로그램도 운영하고 있다. iPod, iPhone, iPad, AirPlay 등의 디바이스 연결을 위한 Mfi 인증을 통해 소비자들은 다양한 형태의 IoT 디바이스를 선택 및 사용할 수 있게 된다.

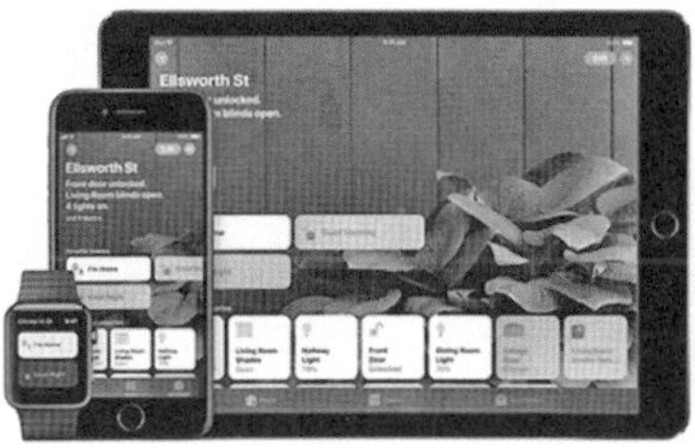

5) 퀄컴(Qualcomm)

퀄컴은 스마트폰 칩의 절대 강자로 IoT 시장에도 큰 영향력을 확보하고자 노력하고 있다. 사물인터넷IoT 민간 표준 단체인 Allseen Alliance를 설립하고 주도하였으며, 플랫폼인 Alljoyn을 오픈소스로 개방하여 개방형 생태계 확산을 추진했었다. 현재는 OCFThe Open Connectivity Foundation '16.10 통합 회원으로 활동하고 있다.

퀄컴은 IoT 디바이스용 통신 모뎀칩 제조에 속도를 내고 있으며 웨어러블, 가전, 자동차 등 다양한 디바이스들을 상대로 영역을 확대하고 있다. 2018년도 CES에서 퀄컴의 세수 마타바 패디 부사장은 "퀄컴은 하루에 약 백만 개의 사물인터넷 칩을 판매하고 있다."라고 밝힌 바 있다.

최근 구글, 아마존, 마이크로소트 등 다양한 솔루션 기업들과의 IoT 분야 협력, 네덜란드 자동차 반도체 기업 NXP 인수를 추진하는 등 글로벌 경쟁력과 사업 영역 확대에 노력하고 있다. 국내에서는 네이버와 손잡고 퀄컴칩을 활용한 인공지능 서비스를 추진하는 협약을 체결하였다.

6) 샤오미(Xiaomi)

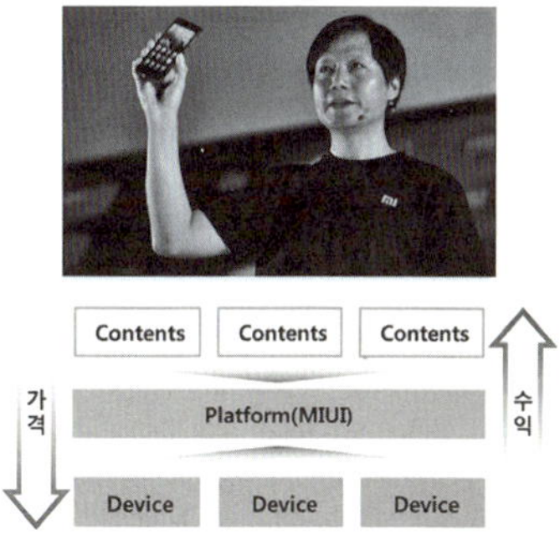

'교차 보조(Cross Subsidization)' 사업모델

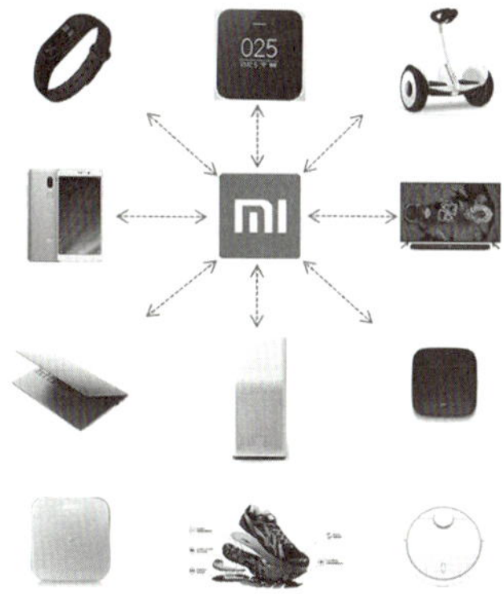

대표적인 중국 혁신 기업으로 세계를 놀라게 했던 샤오미는 출시하는 제품마다 가성비와 연동 기능 제공이라는 대표적인 특징을 포함하고 있다.

저렴한 가격, On/Offline 유통 혁신, SNS 물류 혁신, Mi-Fan Culture 등을 통해 구글의 플랫폼 전략과 아마존의 사업 모델을 융합하고 있다고 평가받는 샤오미는 스마트폰에서 공기청정기, 신발, 가방에 이르기까지 매우 다양한 분야에 제품을 생산하고 있으며, 대부분의 제품이 기본 기능으로 IoT를 포함하고 있다.

샤오미 CEO 레이쥔은 2017년 11월 28일 'IoT 개발자 컨퍼런스'에서 '개방과 연결을 강조한 통합 IoT를 통해 세계 최대 IoT 플랫폼을 구축'했다고 발표했다.

샤오미 생태계 조성 사업을 맡은 가오쯔광高自光은 이날 발표에서 다음과 같은 점들을 강조하였다.

- 개방과 연결을 강조한 통합 IoT를 통해 세계 최대 IoT 플랫폼을 구축
- 샤오미가 사용성UX을 높이고 IoT 플랫폼 구축을 위해 2015년부터 100개의 샤오미 관련 회사에 100억 위안약 1조 6,429억 원을 투자
- 공기청정기, 정수기, 로봇청소기, 자전거 등 수백 개의 스마트 제품을 꾸준히 발표해 분야별 1위를 달성
- 현재 샤오미 IoT 플랫폼에 연결된 기기 수는 8,500만 대 이상이며, 일일 평균 이용량이 1,000만 대 이상
- 2~5대의 샤오미 제품을 이용하는 유저는 500만 명 이상이며, 5대 이상 보유자는 300만 명 이상

7) 삼성(SAMSUNG)

삼성은 IoT와 관련하여 가장 많은 투자와 다양한 종류의 사업을 추진하는 회사 중의 하나로 알려져 있다. 삼성은 IoT 초기 시장을 선점하기 위해 인텔과 함께 IoT 민간 표준 단체인 OICOpen interconnect consortium 컨소시엄을 구성하여 주도하였으며, OIC가 OCFOpen Connectivity Foundation로 통합된 현재는 OCF에도 적극적으

로 참여하고 있다.

IoT 통신 모듈, 가전, OS, 솔루션 등 광범위한 분야의 IoT 사업을 추진하고 있는 것을 보면, 삼성이 얼마나 IoT 시장을 중요하게 생각하고 있는지 알 수 있다.

- 'IoT 2020 비전' 전략: 2020년까지 가전 전 제품에 스마트 기능을 탑재, 연결성을 확대할 계획
- 스마트 홈: 고급형 주방가전 브랜드 '삼성 셰프컬렉션CHEF Collection'의 IoT 연결Connectivity을 강화한다는 전략 발표
- M&A: 가전 '데이코Dacor', 음향기기 '하만HARMAN', IoT 플랫폼 'Smart things' 등
- IoT 제품 생산 확대: 스마트 TV, 세탁기, 냉장고 등 가전 기기, 폐쇄회로 CCTV, 웨어러블 기기 등 저사양, 소형 기기 간 IoT 기능을 적용해 제품 포트폴리오를 강화 추진
- 2015년에는 애플리케이션 프로세서AP, 통신 칩, 센서로 구성된 사물인터넷 H/W 플랫폼인 '아틱Artik'을 발표

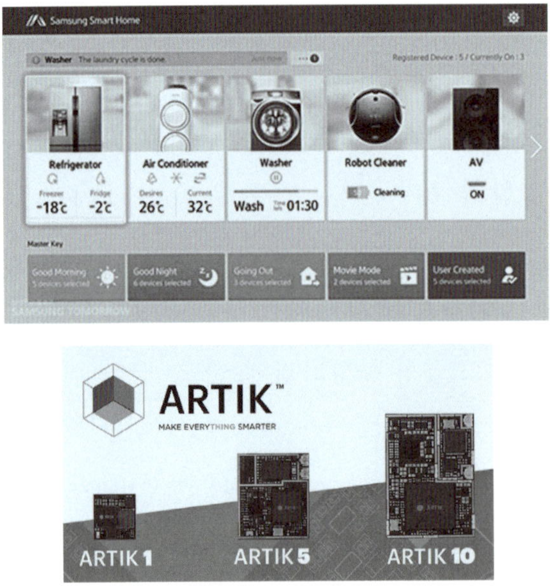

[그림 2-42] 삼성 IoT 플랫폼 '아틱'

8) IoT 관련 표준화 현황

IoT 분야와 관련하여 아직 공식 국내 및 국제 표준안은 없으며, 민간단체와 일부 국제 표준단체에서 표준화 관련 작업을 진행 중이다. 한국정보통신기술협회TTA에서 발표한 『내 손안의 표준TTA, 2017』에 따르면, 무선 네트워크, IoT 플랫폼, IoT 서비스 등 세 가지 분야로 나누어 IoT 관련 표준화 동향을 정리하고 있다.

- 무선 네트워크: 2G/3G/4G/5G, LoRa, NB-IoT, Wi-Fi, Bluetooth, ZigBee, Z-Wave, NFC
- IoT 플랫폼: OCF, OMG, oneM2M, OASIS, Thread, IEEE P2413
- IoT 서비스: 감시/안전, 홈, 제조, 자동차

분류	항목	관련 국제 표준	관련 단체 / 기술 내용	관련 TTA 표준
무선 네트워크	**2G/3G/4G/5G 이동통신망**	3GPP TS 36.101, 3GPP TS 23.003 등 (2,990여 개)	**3GPP 이동통신 국제 표준화 단체** */** · GSM, GPRS, EGPRS, CDMA, WCDMA, HSDPA, HSUPA, HSPA+, LTE, LTE-Advanced 등	TTAT.3G-36.101, TTAE.IR-M.2083 (IMT-2020비전)
	LoRa 로라	LoRaWAN R1.0 등	**LoRa Alliance** * · 저전력 광대역, 비면허 sub-GHz 대역, CSS(Chirp Spread Spectrum) 방식	-
	NB-IoT 협대역 IoT	3GPP Release 13 등	**3GPP** * · stand-alone, guard band, in-band 운용모드 지원	TTAR-06.0170 (3GPP Rel.13 분석)
	Wi-Fi 와이파이	IEEE 802.11a/b/g/n/ac IEEE 802.11ah 등	**Wi-Fi Alliance** ** · 저전력 장거리 전송, 고효율	TTAK.KO-04.0215 (스마트전원)
	Bluetooth 블루투스	Bluetooth spec., IEEE 802.15.1, IETF RFC7668 등	**Bluetooth SIG** */** · IPv6, 6LoWPAN 기반, A2DP, AVRCP, DI, HFP, HID, HOGP, HSP, MAP, OPP, PAN, PBAP · 블루투스 5.0 400m까지 지원	TTAE.IF-RFC7668, TTAE.OT-12.0018 (저전력 블루투스)
	ZigBee 지그비	ZigBee PRO specification 등	**ZigBee Alliance** */** · IEEE 802.15.4 PHY&MAC기반 저전력, 저비용	TTAK.KO-04.0216 (홈에너지관리)
	Z-Wave 지웨이브	Z-Wave specification	**Z-Wave Alliance** · ITU-T G.9959 기반, Sub 1GHz, 저전력 양방향, 무선 메시, GFSK(가우시안 주파수 편이 방식) 사용	TTAE.IF-RFC7428 (IPv6패킷전송)
	NFC 근거리무선통신	NFC Forum tech spec., ISO/IEC 18092 등	**NFC(Near Field Communication) forum** */** · NFC 기반 사물 인터넷	TTAK.KO-10.0968 (NFC기기간 연속성)
IoT 플랫폼	**OCF**	OIC core spec. 등	**OCF(Open Connectivity Foundation)** ** · 개방형 IoT 플랫폼 표준화, OIC 핵심구조, 인터페이스, 프로토콜, 서비스 등 정의	-
	OMG	OMG data distribution service spec. 등	**OMG(Object Management Group)** · 데이터통신, 보안, IFML(상호작용 흐름 모델링 언어) 등 정의	-
	oneM2M	oneM2M technical spec. (0001, 0003, 0004, 0008, 0009, 0010 등)	**oneM2M** */** · 프레임워크, 보안, 메시지 프로토콜(CoAP, HTTP, MQTT) 등 정의	TTAT.MM-TS. 0001, 0003, 0004, 0008, 0009, 0010 등
	OASIS	MQTT ver3.1.1 등	**OASIS MQTT 기술위원회** · 클라이언트·서버 게시/구독형 경량 프로토콜	-
	Thread	Thread specification	**Thread Group** · 6LoWPAN기반 네트워크 프로토콜, AES(고급암호표준) 적용	-
	IEEE P2413	IEEE P2413 standard	**IEEE P2413 워킹그룹** · IoT 아키텍처 프레임워크, 참조 모델 등 정의	-
IoT 서비스	**감시/안전**	FIDO 2.0 등	**OCF, oneM2M, FIDO Alliance** · 원격 접속 필요사항, 인증, 보안 등	TTAK.KO-10.0945 (스마트온실)
	홈	ITU-T X.1111, OIC smart home device 등	**ITU-T *, OCF, Thread Group, HomeGrid forum 등** · 스마트홈기기 호환, 보안 등 정의	TTAK.KO-10.0963 (스마트홈 보안)
	제조	IEC 62541(OPC UA) 등	**OPC foundation, IIC(OMG산하)** · 기기간 공통 아키텍처, 상호운용성 등	TTAK.KO-11.0201 (ICT 제조 융합)
	자동차	AUTOSAR R4.2, CCC MirrorLink, GENIVI 등	**AUTOSAR, CCC *, GENIVI alliance** · 차량용 인포테인먼트 표준화	TTAK.KO-11.0216 (자동차 영상 속성)

[표 2-4] 내 손안의 표준, TTA, 2017

9) IoT 관련 표준화 기구

표준화는 사실 표준과 공식 표준으로 구분된다. 사실 표준업계 표준은 표준화 기구가 아닌 기업들 간에 표준을 선점하기 위한 시장 주도권 경쟁 측면에서 진행되는 경우가 대부분이다. 하지만 공식 표준공인 표준은 ISO, ITU 등 공인된 국제 표준화 기구에서 제정하는 표준을 말한다. 다음은 IoT 관련 표준화 기구에 대해 정리한 것이다.

구분	내용
oneM2M	사물 간 통신(M2M) 표준화 국제 협의체, IoT 공통 서비스 플랫폼 표준화 추진
IEEE	국제전기전자기술자협회(Institute of Electrical and Electronics Engineers), 전기 · 전자 · 컴퓨터 분야, 데이터 통신 계층 표준화
3GPP	3rd Generation Partnership Project - GSM, WCDMA, GPRS, LTE등의 무선 통신 관련 국제 표준
IETF	국제인터넷표준화기구(Internet Engineering Task Force), 인터넷 운영 · 관리 · 기술적 분야 표준화
ISO/IEC	▪ 국제표준화 기구(International Organization for Standardization) - 전기/전자 분야를 제외한 대부분의 산업분야 표준화 기구 ▪ 국제전기표준회의(International Electronical Committee) - 전기/전자 분야 표준화, ISO의 전기 부문
IEC	국제전기기술위원회(International Electronical Committee), 전기 기술에 관한 표준의 국제적 통일, 조정
ITU	국제전기통신연합(International Telecommunication Union), 국제전기통신/통신정책 관련하여 회원국 상호간 국제 협력 · 규제 및 표준화 기구
OCF/TG	OCF(The Open Connectivity Foundation)/Thread Group, IoT 사실표준 단체, 다수 기업들의 참여로 운영

[표 2-5] IoT 관련 표준화 기구

10) IoT 사실 표준(민간 표준) 단체 현황

IoT와 관련된 민간단체들로 구성된 사실 표준 활동은 AllSeen Alliance, OICOpen interconnect consortium, Thread Group 등 3개 단체의 활동에서 2016년 말 AllSeen Alliance와 OIC가 통합하여 OCFThe Open Connectivity Foundation, '16.10를 출범시키면서 현재 OCF 주도로 이루어지고 있다. OCF는 현재 300여 개 이상의 회원사가 참여하고 있는 사실상 최대 표준화 기구로 부상했으며, 2017년 3월에는 OCF Korea가 설립되어 관련한 인증을 한국정보통신기술협회TTA에서 대행하고 있다.

11) IoT 글로벌 표준: oneM2M

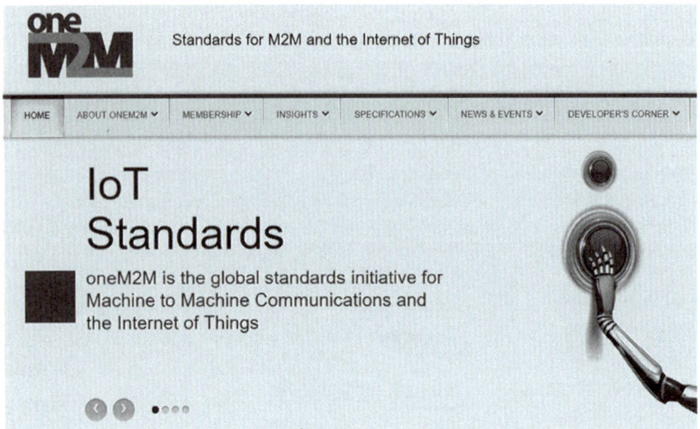

현재 IoT 관련한 글로벌 표준으로 가장 활발하게 진행되고 있는 것이 oneM2M 표준이다. oneM2M은 2012년 출범한 M2M 글로벌 표준화를 위한 국제 표준 협의체이며 최근 IoT 영역의 표준화도 진행하고 있다.

(1) OneM2M 표준화 대상

- 공통 M2M 서비스 플랫폼계층 표준 개발을 위한 이용 사례 및 요구사항
- End-to-End M2M 아키텍처 및 서비스 계층플랫폼 표준
- M2M 단말/모듈 측면의 공통 이용 사례 및 인터페이스/API

(2) 1st Interoperability Test ('15.9.14)

- 프랑스 - ETSI, TTA 주관 · 시스코, 화웨이, KT 등 참여
- 상호 운용성 행사는 글로벌 ICT 기업들이 oneM2M 표준에 맞

춰 개발된 디바이스, 게이트웨이, 서버들 간의 통신이 상호 호환 가능한지 검증하는 행사

(3) 'oneM2M Release 1' 공식 인증('2016.12.24)

- KT, IoT 플랫폼인 IoTMakers oneM2M 국제 표준 인증 통과
- IoT 플랫폼이 국제 표준을 준수하고 있는지 검증하는 프로그램
- KT는 인증 획득에 따라 국내 통신사 중 유일하게 서버 플랫폼 · 디바이스 플랫폼에 대해 모든 프로토콜HTTP, CoAP, MQTT과 메시지 형식XML, JSON 지원하게 할 수 있는 기반 마련

(4) 2st Interoperability Test('2016.11.29)

- 일본 고베에서 진행
- Release 1, Release 2 상호 운용성 검증
- 국내 통신사 중 KT 단독 참여 및 검증

12) 주요 국가별 추진 동향

IoT 관련 주요 국가별 추진 동향을 살펴보자.

미래부에서 2015년 발표한 『K-ICT 전략』에 따르면 미국, 영국, 일본, 독일, 중국 등 선진국들을 중심으로 국가 차원의 다양한 IoT 정책을 수립하여 추진 중인 것을 알 수 있다.

출처: K-ICT 전략('15.12)

	**'사물인터넷 국가전략 결의안' 발의 ('15년)** ▪ 공공 민간에 적절한 지침을 제시해 스마트시티, 스마트 인프라 등 지속적인 혁신기술 개발 및 세계를 주도하는 역할 추구 ▪ IoT 활용에 따른 경제성장뿐만 아니라 일상생활에서의 소비자 권한 강화 강조
	**'사물인터넷 비전 및 행동 권고안' 발표 ('14년)** ▪ 창의적인 상품생산, 더 효과적인 서비스 전달, 희소자원 절약 하는 비전을 설정 ▪ 목표와 비전 달성을 위해 구체적인 행동이 필요한 8가지 분야 제시 - commissioning, spectrum & networks, standards, skills & research, data, regulation & legislation, trust, coordination
	**'일본재흥전략(日本再興戦略)' 개정. 발표 ('15년)** ▪ IoT, 빅데이터 등을 활용해 산업 경쟁력, 고령화 등 다양한 문제 해결에 대처하는 전략 ▪ 차세대 교통시스템, 효율적인 에너지 시스템, 빅데이터를 활용한 의료 고도화 등
	**'플랫폼 인더스트리(Plattform Industrie) 4.0' 추진 ('15년)** ▪ 인더스트리 4.0의 미흡한 접근방법을 보완을 위해 제조공정 디지털화 전략 개선, 가속화 추진 ▪ '15.6, 경제부와 교육과학부 주도의 '플랫폼 인더스트리 4.0'으로 재출발 추진
	**'인터넷 플러스 전략' 추진 ('15년)** ▪ 빅데이터, 클라우드, IoT 기술 등을 기존산업과 접목, 산업구조 전환 및 업그레이드 도모 ▪ 창업, 혁신, 제조, AI 등 신 산업모델 창출이 가능한 11개 중점분야 선정, 구체적 행동계획 발표

[표 2-6] 주요 국가별 IoT 전략 추진 현황

4차 산업혁명과 IoT의 선진국이라고 할 수 있는 미국, 영국, 독일 등은 IoT와 관련된 민간 · 공공 · 학계 등이 연계된 형태의 연구개발, 정책 단체를 구성하여 핵심 산업에 대한 협력을 하고 있으며, 정부 차원에서 주도적으로 다양한 정책적 지원을 해주고 있다.

최근 IoT 관련 국가별 정책은 산업 육성을 위한 각종 규제의 해제, 산업 활성화를 위한 지원책 마련, 스타트업 및 벤처 등의 기업 육성, IoT 전용 통신망 등 기반 인프라 구축 지원 등의 형태로 주로 추진되고 있다. 또한, IoT 보안 문제와 프라이버시 문제에 대해서도 정부 차원의 정책 마련 및 서비스 이용자 보호에 적극적으로 나서고 있다.

05 사물인터넷(IoT) 비즈니스 모델의 중요성

1) IoT 비즈니스에 대한 이해

앞에서 언급한 것처럼, 다양하고 광범위한 IoT 구성 요소의 범위 때문에 IoT 전반에 걸친 이해가 쉽지 않은 것이 사실이다. 하지만 분명한 것은 IoT 기술이나 비즈니스에 대한 올바른 접근을 위해서는 기술적, 사업적 측면에서의 통합적인 접근이 필요하다.

- 기술적 측면: 단계별 구성 요소와 연동에 대한 이해를 통해 종합적인 아키텍처링을 해야 한다.
- 사업적 측면: 사업, 서비스의 구조와 특성을 이해하고 비즈니스를 모델링해야 한다.

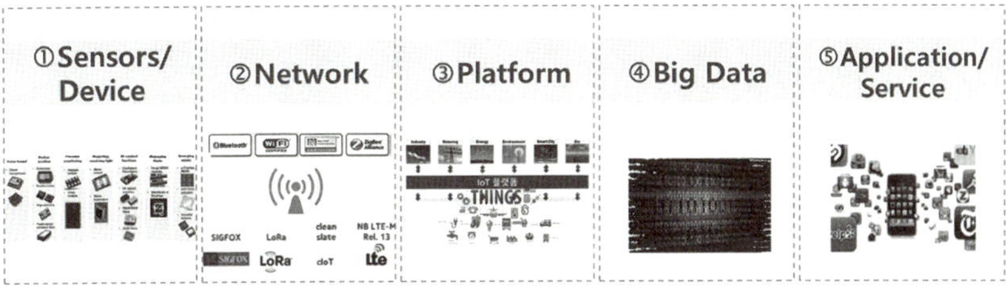

즉, IoT 비즈니스 업무를 담당하는 경우에도 IoT 기술의 특성을 이해하고, 이를 바탕으로 IoT 비즈니스나 서비스를 기획하고 모델링을 진행해야만 시행착오를 줄일 수 있다. 또한, IoT 기술을 개발하는 기술 파트 업무를 담당하는 경우에도 현재 개발하는 솔루션이나 디바이스가 어떤 비즈니스 구조로 이루어지고, 어떤 고객에게 제공되는지를 고민하고 업무를 진행해야 한다.

이를 위해 IoT 비즈니스의 특성과 모델을 분석하는 것이 도움이 되며, 본 장에서는 비즈니스 모델링 도구를 통해 몇 가지 사례를 알아보도록 하겠다.

2) IoT 비즈니스의 특징

01. 기존 Business와의 연속선 상의 Business

- New Business/Service/Device?
- 경영진의 주요 관심사: 무엇인가 새로운 IoT 사업 ?

02. The IoT is a Highly Fragmented Long-Tailed Business

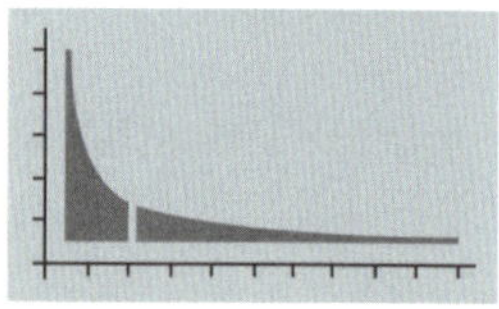

- If the IoT is Booming, Where is the Money ?
- Peak of Inflated Expectation : 초기시장
- Echo-system 미흡(인증, 결제, 프로토콜 등)
- 시장이 형성되는 중, 성공 사례 부족

03. Platform base Business

- 생태계 중심으로 진행되지만, 구축은 어렵다.
- 핵심/본원적 경쟁력 기반 필요
- 사용자 중심의 접근 중요(협력, 커뮤니티, 교육 등)

04. Paradigm shift가 필요한 Business

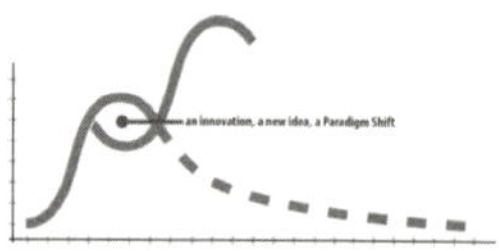

- 짧은 Business/Service/Product Life cycle
- 기업/사용자 상호에게 새로운 환경과 경험을 제공
- 지속적인 개선과 관리가 필요

IoT 비즈니스는 왜 성공하기가 어려울까? 기존 비즈니스와의 차이점은 무엇일까?

현재 IoT 프로젝트 현장에서 일어나고 있는 다양한 비즈니스와 프로젝트들에서 필자가 느낀 점들을 정리해 보면, IoT 비즈니스는 다음과 같은 특징을 보이고 있다.

(1) 기존 Business와의 연속선상의 Business

- New Business, Service, Device인가 ?
- 경영진의 주요 관심사: 무엇인가 새로운 IoT 사업을 발굴해라!

기업이 IoT를 처음 추진할 경우 겪게 되는 가장 큰 오류 중의 하나가 IoT를 이전에 없었던 새로운 Business, Service, Device로 생각한다는 것이다. 하지만 다른 비즈니스와 마찬가지로 IoT 비즈니스도 기존과 단절된 것이 아니라 그 연속선상의 비즈니스인 것이다. 그러므로 전혀 다른 차원의 새로운 무엇인가를 찾는다는 막연함으로 접근하면 난관에 봉착하게 될 수밖에 없다.

(2) The IoT is a Highly Fragmented Long-Tailed Business

- If the IoT is Booming, Where is the Money?
- Peak of Inflated Expectation: 기대감에 고조된 비즈니스 시장

IoT 비즈니스는 인증, 결제, 프로토콜 등 생태계 시스템의 구축이 아직 충분하지 않으며, 시장이 형성 단계이기 때문에 성공 사례도 부족한 것이 현실이다. 매우 파편화된 롱테일 비즈니스의 특성 때문에 IoT 기업들은 수익성 확보에 많은 고민을 하고 있으며 투자에 대한 의사결정에 고민할 수밖에 없다.

(3) Platform base Business

- 생태계 중심으로 진행되지만, 구축은 어렵다.
- 핵심 및 본원적 경쟁력 기반이 필요하다.

- 커뮤니티와 경험, 교육 등 생태계 및 사용자 중심의 접근이 중요하다.

IoT 비즈니스는 기본적으로 플랫폼 비즈니스의 특성을 가진다. 일반적으로 플랫폼 비즈니스는 생태계를 중심으로 움직이며 사용자 중심의 접근이 매우 중요한 비즈니스 영역이다. 이러한 플랫폼 비즈니스에 익숙하지 않은 기업의 입장에서는 상당한 수업료를 지급하게 될 가능성이 매우 높은 것이다. 플랫폼이 생산자와 소비자를 위한 생태계를 제공하고 수익을 거두는 모델의 비즈니스인 것이다.

(4) Paradigm shift가 필요한 Business

- 짧은 Business/Service/Product Life cycle를 갖고 있다.
- 다양하고 많은 정보와 디바이스가 개발되고 수량도 증가되고 있다.
- 기업 및 사용자 상호에게 새로운 환경과 경험을 제공한다.
- 지속적인 개선과 관리가 필요하다.

IoT 비즈니스와 기존 비즈니스의 가장 큰 차이점은 수많은 정보와 서비스에 대한 패러다임이 다르다는 점이다. 특히 IoT 서비스는 살아 있는 생명체처럼 지속적으로 개선과 관리가 필요하다.

3) IoT는 기업에 어떤 영향을 주는가?

01. "단순 Tool" or "기업 혁신 Infra" 활용을 고민하게 한다.

- 단순한 IoT Service, Solution 도구로 사용
- IoT를 통해 기업전체의 혁신을 추진(I-C-B-M)

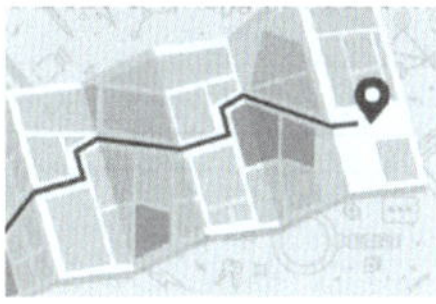

02. Key challenges - where to focus? 어렵게 한다.

- 다양한 구성요소와 넓은 범위로 인해 어려운 Business focus
- 전략수립의 난해하고 임원진의 불명확한 경영의사결정

03. 기존 Business 접근 방식에 대한 도전에 직면하게 한다.

- 시장진입, 의사결정단계/시간, 내부 시스템 구조 등
- 기존 비즈니스와 다른 새로운 접근 방식을 강제

04. 기업 Business 운영에 대한 시행착오를 경험하게 한다.

- Business/Service에 대한 새로운 구축과 운영 방식 요구
- 예상치 못한 새로운 정보의 발생, 활용
- 매출, 이익, OPEX(비용), CAPEX(투자) 측면의 이슈 발생

IoT는 기업과 그들의 비즈니스에 어떤 영향을 주게 될까?

기업들은 익숙하지 않은 새로운 경험들과 난관에 봉착하게 되고 어떻게 이해하고 대응하는 가에 따라 기업의 미래가 결정될 수도 있다. 다시 말해 단순한 트렌드 중 하나로 지나칠 것인지 혹은 중요한 혁신의 도구로 활용할 것인지의 갈림길에 있는 것이다.

(1) '단순 Tool' or '기업 혁신 Infra' 활용을 고민하게 한다.

- 단순한 IoT Service, Solution 도구로 사용
- IoT를 통해 기업 전체의 혁신을 추진IoT-Cloud-Bigdata-Mobile

모든 기업에게 IoT는 새로운 변화에 대한 발 빠른 대응 방안의 모색과 변화를 어떻게 수용할 것인지에 대한 고민을 강제하게 된다. 즉, 기업 내부적인 의사결정 혹은 외부적인 영향에 의한 것이든 IoT를 단순한 도구로 사용할 것인지, 아니면 새로운 혁신으로 받아들이고 기업의 전환점으로 삼을 것인지에 대한 고민을 하게 하는 것이다.

(2) Key challenges - where to focus? 선택을 어렵게 한다.

- 다양한 구성 요소와 넓은 범위로 인해 어려운 Business focus
- 전략 수립의 난해하고 임원진의 불명확한 경영 의사결정

IoT의 다양한 구성 요소와 넓은 범위로 인해 기업 입장에서, 특히 임원진의 입장에서는 비즈니스의 선택과 집중 그리고 의사결정을 어렵게 한다. 시의적절한 어느 특정 시점에서 명확한 선택과 집중의 문제가 결국 IoT 비즈니스의 성패를 좌우하게 된다.

(3) 기존 Business 접근 방식에 대한 도전에 직면하게 한다.

- 시장진입, 의사결정 단계/시간, 내부 시스템 구조 등
- 기존 비즈니스와 다른 새로운 접근 방식을 강제

IoT 비즈니스는 그 구조와 프로세스 등의 측면에서 기존 비즈니스와 다른 새로운 접근 방식을 강제해야 하는 상황에 직면하게 한다. 시장진입, 의사결정 단계/시간, 내부 시스템 구조 등 다양한 측면에서의 대응을 위해 기존과는 다른 접근 방식을 취해야 할 수 있다는 것을 이해해야 한다.

(4) 기업 Business 운영에 대한 시행착오를 경험하게 한다.

- Business/Service에 대한 새로운 구축과 운영 방식 요구
- 예상치 못한 새로운 정보의 발생, 활용
- 매출, 이익, OPEX비용, CAPEX투자 측면의 이슈 발생

IoT 비즈니스는 특히, 운영과 관리의 측면에서 시행착오와 인내심을 경험하게 한다. 상품이나 서비스 개발로 비즈니스가 완전히 끝나는 것이 아니라, 기업에게 새로운 과제를 제시하는 경우가 있다. 즉, 기존의 비즈니스 관행과 프로세스와는 전혀 다른 고객의 반응, 서비스의 운영 및 관리 이슈 등에 대한 시행착오를 경험하게 한다.

4) IoT 비즈니스 사례: GE의 IoT Business Transform

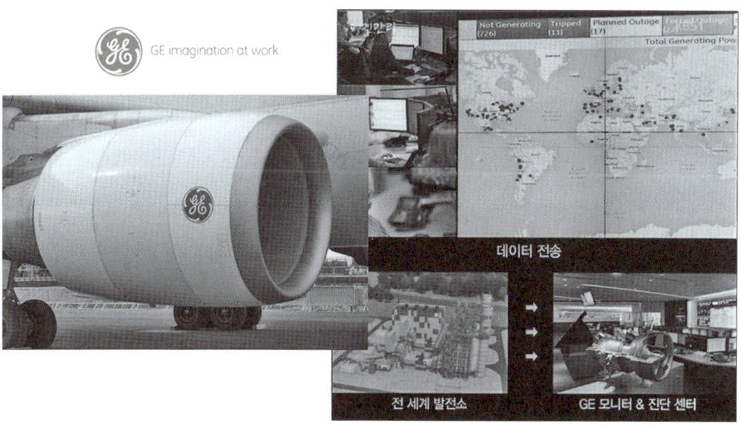

GE는 IoT Business Transform의 대표 사례로 알려져 있으며, 시장에서도 성공적인 성과를 올리고 있다. GE의 항공기 엔진은 센서를 이용하여 24시간 데이터를 GE 항공운항 지원센터에 전송하고, GE

항공운항 지원센터는 이를 분석하여 연비를 극대화할 수 있는 최적의 조종 방법, 엔진 유지 보수 상태 등의 다양한 서비스를 제공한다.

GE의 엔진을 도입한 기업들은 GE에서 제공하는 이러한 서비스를 통해 다양한 비즈니스 성과를 창출하고 있다. 이러한 서비스를 이용하는 말레이시아의 에어아시아AirAsia는 1000만 달러 이상의 연료비를 절감하고 있으며, 캐나다의 에너지 기업 트랜스캐나다TransCanada는 발전기의 출력을 5% 이상 높이는 데 성공하였다.

GE의 연차 보고서에 따르면 각 산업 분야별로 비즈니스 효과를 다음과 같이 전망하고 있다.

- 항공 산업: 연료 절감 1% 증가 = 300억 달러/15년31조 절감 가능
- 가스 발전: 연료 효율 1% 증가 = 660억 달러/같은 기간69조 절감 가능
- 헬스 케어: 산업 전체적인 도입 효과 = 630억 달러66조 효과
- 철도 산업: 산업 전체적인 도입 효과 = 270억 달러28조 효과

또한, GE는 향후 20년 동안, 산업인터넷Industrial IoT의 효과로 미국 기업의 평균 수익 25~40% 증가 및 전 세계 GDP 약 10~15조 달러가 증가할 것이라고 전망하고 있다.

5) IoT 비즈니스 사례: 필라델피아 스마트 쓰레기통

출처: http://bigbelly.com

미국 필라델피아의 스마트 압축 쓰레기통은 IoT 서비스의 구축과 운영이 얼마나 중요한가를 설명하는 사례이다. 미국 필라델피아는 스마트 쓰레기통태양광 압축 쓰레기통 도입을 통해 쓰레기를 압축하고 모니터링하여 운영비를 절감하고 있다. 그러나 이 과정에서도 다양한 시행착오가 있었으며, 결국 이를 극복하고 성공적인 서비스를 제공하고 있다.

도입 초기에는 기존의 17회 이상의 쓰레기 수거 횟수를 3회 이하로 감소시켜 연간 300만 달러를 절감하는 효과를 가져왔다. 하지만 운영 중 쓰레기통 주변이 더러워지거나 태양광 패널의 오염 및 손상, 쓰레기통 센서의 오작동 등 문제점들이 발생하여 다시 12회 이상으로 수거 횟수가 증가하게 되었다.

이를 개선하기 위해 다양한 해결책을 도입하였다. 쓰레기통에 페달을 장착하여 쓰레기가 외부로 나오지 못하도록 하였으며 지속적으로 쓰레기통 센서 및 태양관 패널의 유지 보수를 시행하였다. 또한, 쓰레기통을 버스 정류장 근처로 이동하여 버스 도착 정보 및

WIFI 공유 기능을 제공하여 다시 서비스를 정상화하였다.

6) IoT와 비즈니스 모델

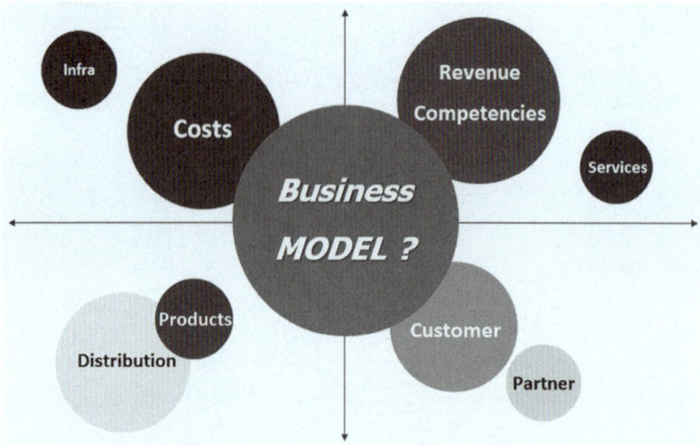

비즈니스 모델은 고객에게 제공하려는 가치와 이를 전달할 방법, 수익 창출 방법 등 비즈니스 전체의 기본 구조를 나타내는 설계도이다.

많은 스타트업이나 벤처기업들이 좋은 아이디어와 신기술에 의존하여 비즈니스를 시작하지만, 비즈니스 모델의 기본 개념에 대한 이해나 구체적인 설계가 준비되지 않은 경우가 놀라울 정도로 많다. 이러한 상황에서 대부분의 기업들이 난관에 봉착하게 되고 결국에는 비즈니스를 실패하게 되는 것이다.

필자는 현장에서 특히, 중소기업이나 스타트업, 예비 창업자 등 많은 이해 관계자분을 만나고 있다. 이들은 임원, 개발, 마케팅, 영업 등 다양한 분야에 종사하고 있지만 업무나 직위와 관계없이 반드시 비즈니스 모델에 대한 정리를 해보라고 의견을 제시하곤 한다.

새로운 서비스를 기획하는 마케팅 담당자든 솔루션을 개발하는 개발자든 본인의 역할에 관계없이 준비하는 비즈니스의 본질을 어느 정도 이해하고 각자의 업무를 처리하느냐에 따라서 업무 결과에 대한 품질에 많은 차이가 나게 된다.

즉, '비즈니스 모델 앞에서는 모두가 진지해져야 한다.'

7) Business Model 개발 방법론: 'Business Model Canvas'

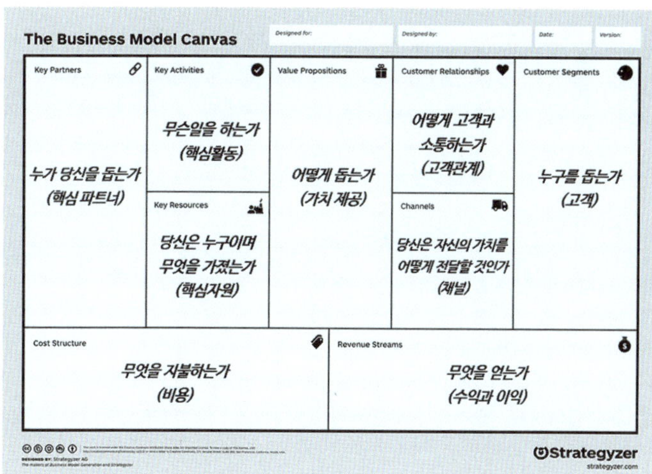

[그림 2-43] strategyzer.com에서 제공하는 Business Model Canvas

비즈니스 모델을 정리하기에 가장 손쉬운 도구로 one-page business planning 도구로 불리는 Business Model Canvas를 알아보자.

Business Model Canvas는 Osterwader & Pigneur의 저서 『Business Model Generation2010』에서 제시된 것으로 9개의 구성

요소를 통해 쉽고 직관적으로 비즈니스를 정리해볼 수 있어 널리 사용되고 있다. 또한, Business Model Canvas는 정답이 따로 정해져 있는 것이 아니기 때문에 자유롭게 아이디어를 정리하고 수정, 보완하는 과정을 통해 완성도를 높이면 되는 것이다.

Business Model Canvas의 9가지 구성 요소는 다음과 같다.

① 누구를 돕는 가? 고객

② 어떻게 돕는 가? 가치 제공

③ 당신은 자신의 가치를 어떻게 전달할 것인가? 채널

④ 어떻게 고객과 소통하는가? 고객 관계

⑤ 무엇을 얻는가? 수익과 이익

⑥ 당신은 누구이며 무엇을 가졌는가? 핵심 자원

⑦ 무슨 일을 하는가? 핵심 활동

⑧ 누가 당신을 돕는 가? 핵심 파트너

⑨ 무엇을 지급하는가? 비용

다음은 Business Model Canvas의 주료 사례이다.

8) Business Model Canvas 사례

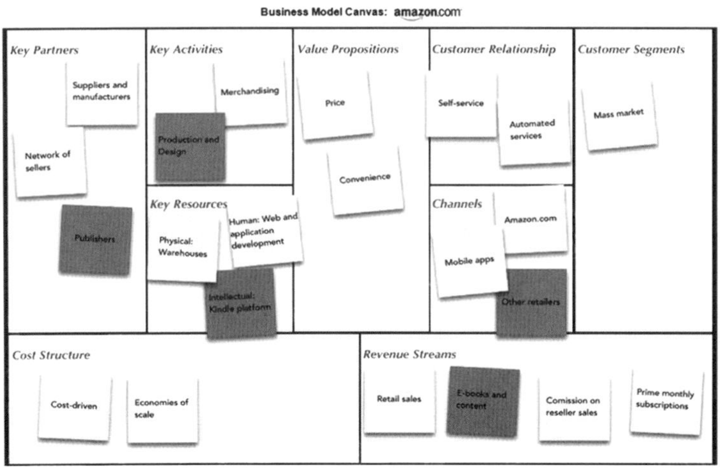

출처: http://www.digitalbusinessmodelguru.com/2013/07/-analysis-of-amazon-business-model.html

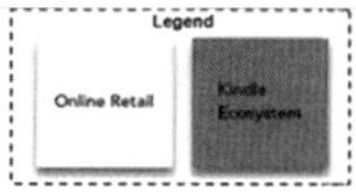

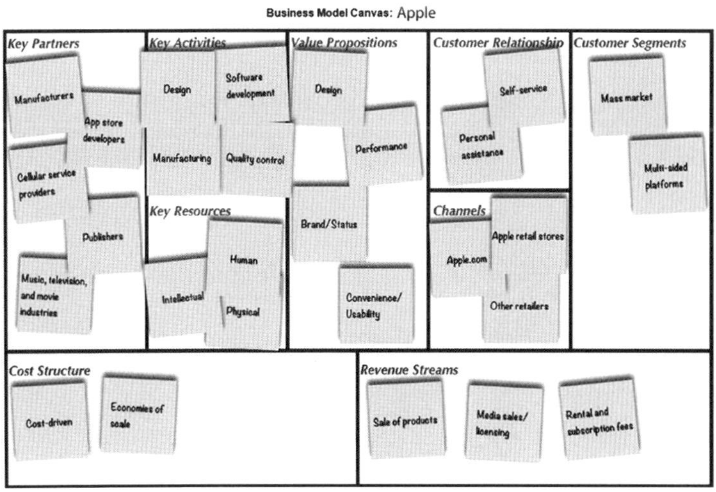

출처: http://www.digitalbusinessmodelguru.com/2013/02/-analysis-of-apple-inc-business-model.html

9) Business Model 개발 방법론: 'Lean Canvas'

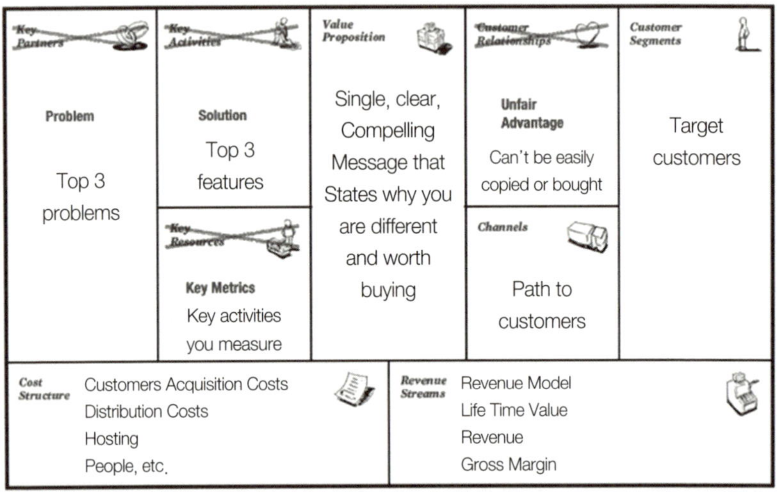

출처: https://blog.leanstack.com/why-lean-canvas-vs-business-model-canvas-af62c0f250f0

Business Model Canvas와 함께 많이 사용되고 있는 방법론이 Ash Maurya애쉬 모리야가 개발한 Lean Canvas 이다. Ash Maurya에 의하면 Lean Canvas를 개발하게 된 배경은 기업가 입장에서는 Business Model Canvas가 너무 단순하여 모든 내용을 담기에 충분하지 않기 때문이다. 따라서 컨설턴트, 고객, 투자자, 개발자 등 일반인이 아닌 기업가 입장에서 비즈니스를 설명할 수 있는 실용적인 방법이 필요하기 때문이라고 한다.

또한, Lean Canvas는 기업가가 아이디어를 통해 성공적인 창업에 이르기까지의 길을 안내하는 근본적인 전술적 계획 또는 청사진을 설명하는 것이며 다음과 같이 말하고 있다. 즉, 신생 기업은 극단적인 불확실성의 조건에서 비즈니스를 진행하게 된다. Lean Canvas

접근 방식은 이러한 가장 불확실하거나 위험한 것을 더 정확하게 캡처하는 것을 목적으로 하는 것이다.

Lean Canvas의 기본적인 구조는 기존의 Business Model Canvas의 프레임에 몇 가지 수정 및 보완을 통해 구성된다. Business Model Canvas에서 중복이나 외부로부터의 영향이 더 중요하가도 판단되는 네 가지 요소Key Activities, Key Resources, Customer Relationships, Key Partners를 삭제하고 비즈니스를 명확하게 설명할 수 있는 4가지의 새로운 요소를 새로이 추가하여 사용한다.

(1) Problem

대부분의 창업의 실패는, 그들이 하려고/만들려고 한 것을 하지 못해서가 아니라 잘못된 Product를 만드는 데에 시간과 돈을 낭비했기 때문이다. 실패의 중요한 원인은 시작 시점에서의 정확한 '문제 이해'의 부족에서 비롯된다.

(2) Solution

일단 문제를 이해하면 가능한 솔루션을 정의하는 것이 필요하다. 이를 확인되지 않은 상태로 남겨 두면, 우리는 종종 첫 번째 해결책에 만족하고 결국 문제를 놓치게 할 수 있다.

(3) Key Metrics

특정 시점에 반드시 해야 할 몇 가지 중요한 핵심 조치들이 있다. 위험에 대한 올바른 핵심 메트릭을 식별하지 못하면 잘못된 목표를 추구하는 동안 너무 이른 최적화 시도 또는 리소스 고갈과 같은 낭비적인 활동이 발생할 수 있다.

(4) Unfair Advantage

이것은 사업 계획서에서 흔히 볼 수 있는 경쟁적 우위 또는 진입 장벽의 또 다른 이름이다. 이 항목은 기업을 방해하려는 의도가 아니라 불공정한 이점을 위해 지속적으로 노력하도록 하기 위한 것이다. 일단 창업이 어느 정도 안정화되면, 경쟁 업체의 비즈니스 카피가 일어나는 것은 불가피하다. 만약 경쟁자들에게 적절히 대응할 수 없다면 위험에 처하게 된다.

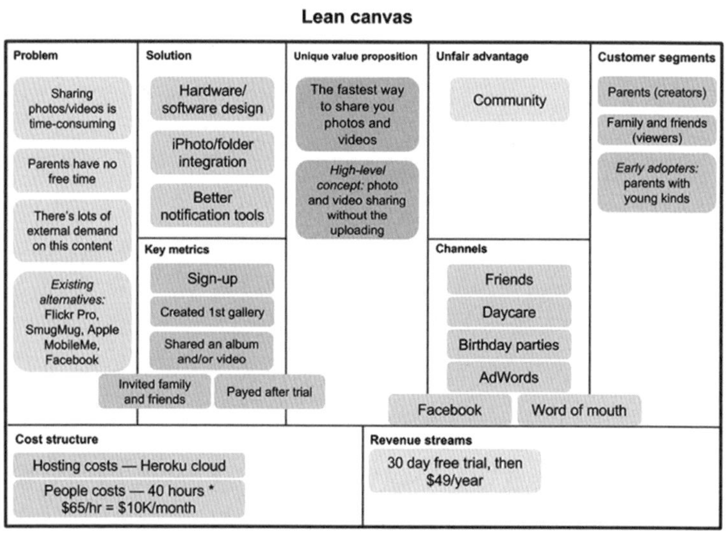

[그림 2-44] 사진 공유 프로그램 'CloudFire'

출처: https://stfalcon.com/en/blog/post/planning-lean-startup-development-quickly

PART

03

사물인터넷(IoT)의 핵심 기술들

The Fourth Industrial Revolution & IoT

03

The Fourth Industrial Revolution&IoT

사물인터넷(IoT)의 핵심 기술들

01 사물인터넷(IoT) 플랫폼 기술

1) IoT의 주요 기술들

IoT와 관련된 다양한 기술들은 지금 이 시간에도 지속적으로 발전하고 있으며, 새로운 기술들도 끊임없이 개발되고 있다. 이러한 다양한 기술들 중, IoT를 이해하기 위해 기본적으로 알아두어야 할 주요 기술들에 대해 알아보도록 하자.

물론 IoT와 관련된 주요 기술들이 본 장에서 설명하는 것들만 있는 것은 아니다. 하지만 IoT를 이해하기 위해 가장 필수적인 것으로 생각되는 다섯 가지 'IoT 플랫폼, IoT 통신망, Sensor 기술, 디지털 트윈Digital Twin, IoT Device Gateway'에 대해 알아보도록 하자.

이들은 성공적인 IoT 비즈니스 추진이나 서비스 개발을 위해 반드시 알아두어야 할 요소이다. 각 기술들에 대한 전문적인 지식을 보유하기는 어렵지만, 전체를 통합할수 있는 기본적인 이해는 반드시 필요하다.

또한, 여기에서 언급되는 기술이 IoT 전체를 이해할 수 있는 모든 것이 아니므로, 이외에도 각 기업이나 비즈니스 특성에 따라 추가적으로 요구되는 기술들에 대해서도 정리를 해두어야 한다.

우선 IoT 구성 요소들 중 가장 중심에 위치하며, 디바이스에서 서비스까지 전체를 통합해 주는 역할을 하는 IoT 플랫폼 기술에 대해 알아보자.

2) IoT 플랫폼 기술

우선 플랫폼이란 무엇이지 알아보자.

플랫폼의 사전적 의미는 "다양한 용도에 공통적으로 활용할 목적으로 설계된 유형의 구조물"이다. 다양한 유형의 플랫폼들 중, 가장 대표적인 것들은 다음과 같다.

- 하드웨어 플랫폼: 공정 표준화와 생산 단가 절감의 도구로 사용되는 도구
- 소프트웨어 플랫폼: 윈도우즈, 브라우저, 자바, 모바일 OS 등과 같이 여러 가지 기능을 제공해 주는 공통 실행 환경
- 서비스 플랫폼: 트위터, 페이스북, 카카오톡, 라임 등과 같이 다양한 서비스를 제공하는 인터넷 기반기술 환경
- 비즈니스 플랫폼: 하나의 비즈니스가 다른 비즈니스의 기반 혹은 일부로 사용되는 환경

이 이외에도 우리 주변에서 쉽게 접할 수 있는 다양한 형태의 플랫폼들이 있다. 대표적인 사례들로 애플의 앱스토어, 구글의 플레이스토어, 이동통신 3사의 원스토어 등 스마트폰 사용을 위한 소프트웨어 생태계 플랫폼들이 있다.

3) IoT 플랫폼

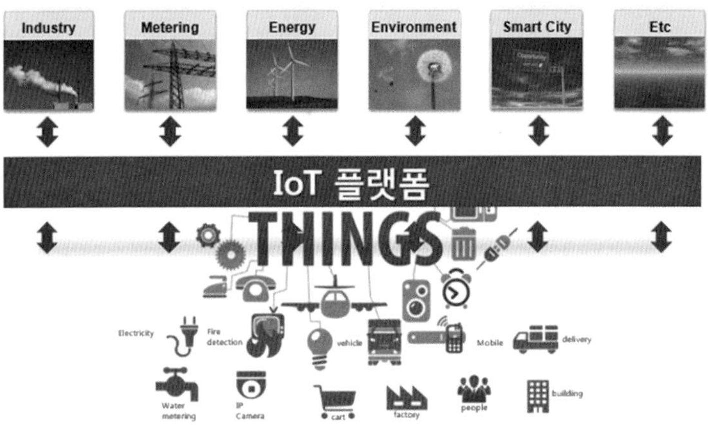

[그림 3-1] 다양한 Things와 IoT 서비스들의 중간에 위치한 IoT 플랫폼

일반적으로 플랫폼이란 공통 기능의 기반을 제공하는 Enabler로 볼 수 있다. 따라서 IoT 플랫폼은 IoT 서비스의 기술적인 기반을 제공하는 플랫폼으로 수많은 IoT 디바이스들을 활용하여 다양한 서비스 구성을 가능하게 한다.

즉, IoT 비즈니스와 기술을 가능하게 하는 기반을 제공하는 것이 IoT 프런트엔드front-end: 사용자와 백엔드back-end: 기반 인프라의 중심에 위치해 있는 IoT 플랫폼이다. 따라서 IoT 비즈니스의 성패는 IoT 플랫폼에 달려 있다고 해도 과장이 아니다.

최근 스마트 시티Smart City, 스마트 홈Smart Home, 스마트 빌딩Smart Building, 스마트 미터링Smart Metering, 에너지Energy 등의 많은 분야에서 IoT플랫폼을 활용한 프로젝트가 진행되고 있다.

4) IoT 플랫폼의 역할

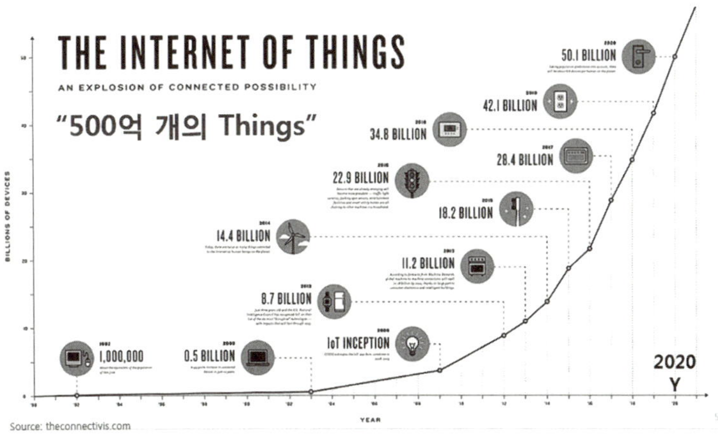

[그림 3-2] IoT Things: theconnectivis.com

IoT 관련 다양한 연구에 의하면 2020년을 기준으로 IoT Things의 수량이 500억 개 이상으로 늘어날 것으로 전망되고 있다.

Things 수량에 대한 전망은 다양한 의견들이 있으나, 분명한 것은 우리가 예측하는 것보다 훨씬 빠르고 많은 수의 Things들이 폭발적으로 늘어나고 있으며 연결되고 있다는 것이다.

『The Rapid Growth of Internet of ThingsGartner, 2016』에 의하면 2009년 대비 2020년 기준 Things의 증가 추세는 다음과 같다.

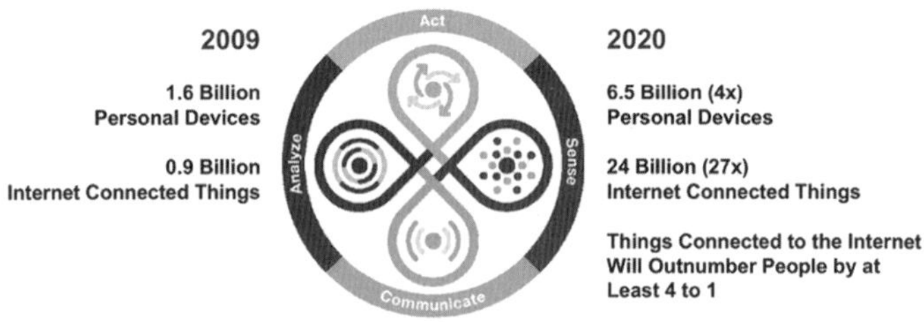

개인 디바이스의 사용이 약 65억 개로 4배 정도 증가할 것이며, 인터넷에 연결되는 디바이스가 약 240억 개로 27배 증가할 것으로 보고 있다. 또한, 스마트폰을 제외하고 개인당 4개 이상의 Things를 보유할 것으로 예측한다.

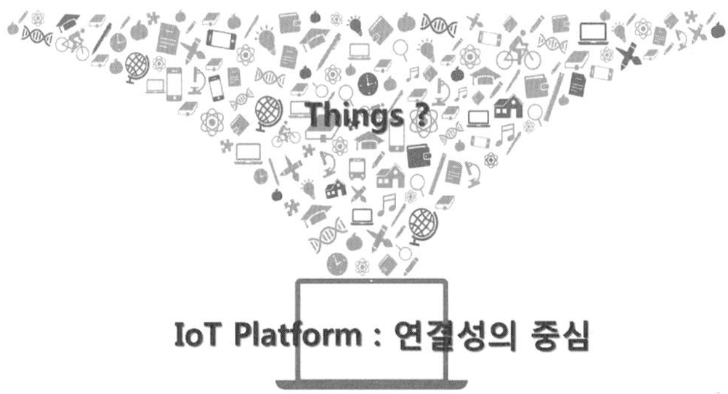

이와 같이 폭발적으로 증가하는 IoT 디바이스는 반드시 연결성을 갖게 된다. 수많은 Things는 어디에 연결되는 것일까? 아마 서비스의 일부로 사용되는 대다수 디바이스들은 플랫폼에 연결될 것이다. 이렇게 IoT 플랫폼은 IoT 디바이스가 연결되는 대상이다. 즉, IoT 연결성의 중심에 있는 것이 바로 'IoT 플랫폼'인 것이다. IoT 플랫폼은 연결성을 부여하고 이 연결성을 관리하며, 다양한 IoT 서비스를 가능하게 해주는 역할을 하고 있다.

5) 다양한 IoT 플랫폼 제품들

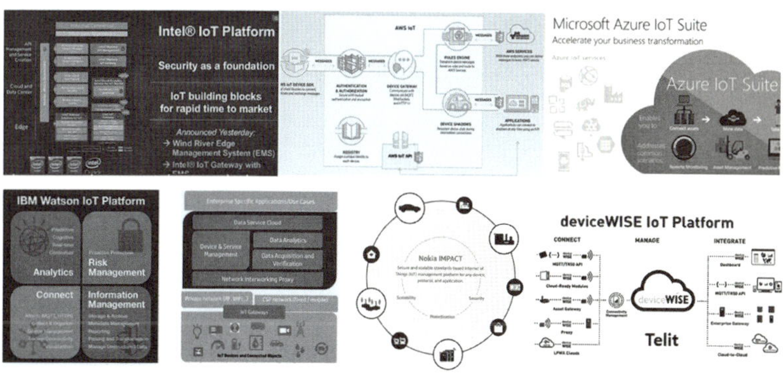

많은 기업은 IoT 비즈니스를 추진하고 성공시키기 위해 노력하고 있다. 새로운 센서와 디바이스, 새로운 아이디어의 앱, 새로운 데이터 분석 기법, 인공지능 등 다양한 신기술들이 개발되고 제품들이 출시되고 있다. IoT 플랫폼 역시 주요 IT 기업들에서 다양한 솔루션들을 제시하고 있다. 간단한 검색만으로도 인텔, 아마존, 마이크로소프트, IBM, HP, 노키아, Telit 등의 IoT 플랫폼 자료를 쉽게 찾아볼 수 있다.

6) 개방형 IoT 플랫폼이란?

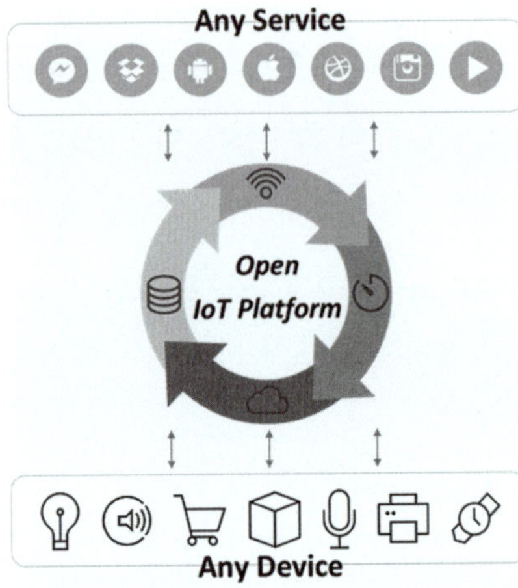

4차 산업혁명에서 중요한 가치로 거론되고 있는 것이 공유 경제이다. 이런 의미에서 개방형 IoT 플랫폼이란 개념은 IoT 비즈니스 혁명을 가져올 중요한 요소이다.

'개방형 IoT 플랫폼'이란 IoT 플랫폼을 기술과 비즈니스 측면에서 공유할 수 있도록 오픈하는 것이다. 즉, 개인, 개발자, 기업 등 IoT 기술과 서비스를 개발하는 사용자들에게 플랫폼을 오픈하여 다양한 Things를 연결하여 테스트하고, 서비스를 개발해 볼 수 있도록 기능을 제공하는 것이다.

여기서 주의할 것은 공유라는 의미가 무료와는 다르다는 것이다. 테스트나 파일럿 단계에서는 무료로 사용하지만, 비즈니스에서는 공유 경제에서와 같이 상대적으로 비용 효율성이 높아진다는 것을 의미하는 것이다.

이러한 개방형 IoT 플랫폼은 일반 기업이 내부적으로 사용하는

IoT 플랫폼과는 다르게 특정 서비스나 디바이스에 종속되지 않으며, 어떠한 디바이스나 서비스 또는 솔루션이든 사용자의 목적에 적합하게 사용자가 원하는 형태로 구성하여 사용할 수 있다는 장점이 있다.

개방형 IoT 플랫폼의 주요 기능들은 다음과 같다.

- 표준화된 디바이스 연결: 다양한 형태의 Things를 쉽게 연동할 수 있는 기능을 제공
- 인터페이스 개방: 사용자들이 쉽게 사용할 수 있는 인터페이스를 개방
- 디바이스와 앱의 공유: 플랫폼에 연결된 다양한 디바이스와 앱을 상호 공유할 수 있음
- 이벤트와 룰 처리 기능: IoT Things에서 수집된 정보를 기반으로 다양한 이벤트, 룰 처리가 가능
- SDK, Open API 제공: 서비스 개발을 위한 SDK, Open API 제공

7) 개방형 IoT 플랫폼의 필요성

IoT 생태계에서 개방형 IoT 플랫폼이 필요한 이유는 무엇일까? 한마디로 손쉬운 IoT 서비스를 개발할 수 있는 환경을 제공하여 비즈니스에 대한 접근성을 높이는 데 필요하기 때문이다. 즉, 심플한 비즈니스 아이디어만으로도 IoT 서비스가 가능하게 되는 것이다.

개방형 IoT 플랫폼의 필요성을 구체적으로 정리해 보면 아래와 같다.

① IoT 인프라 구축에 대한 부담 해소

② 심플한 비즈니스 아이디어만으로 서비스를 손쉽게 개발

③ 즉시 사용 가능한 IoT 서비스 기반 제공

④ 다양한 파일럿, Demo, PoC 등의 개발이 가능

⑤ IoT와 관련된 글로벌 표준 기술을 즉시 사용 가능

8) 주요 개방형 IoT 플랫폼 현황

현재 IoT 비즈니스를 선점하고자 하는 많은 글로벌 기업들은 개방형 IoT 플랫폼 제품을 개발하여 시장에 출시하고 있다. 다음은 국내외의 대표적인 개방형 IoT 플랫폼 제품들이다.

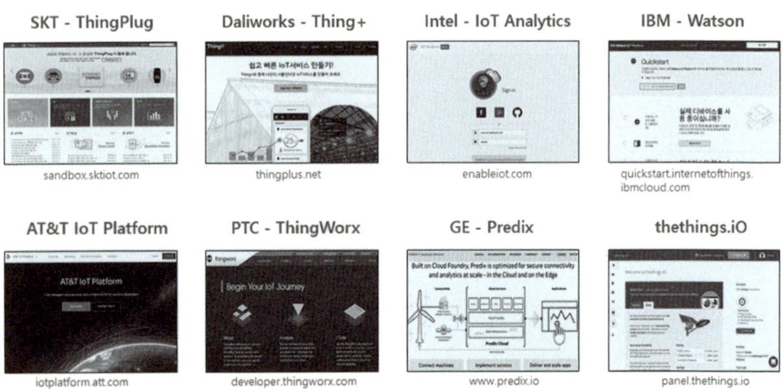

글로벌 IoT 기업들과 대표적인 개방형 IoT 플랫폼 제품들

- SKT - ThingPlug Platform
- Daliworks - Thing+ Platform
- Intel - IoT Analytics Platform
- IBM - Watson Platform
- AT&T - AT&T IoT Platform
- PTC - ThingWorx Platform
- GE - Predix Platform
- thethings.iO - thethingsio Platform

02 사물인터넷(IoT) 통신 기술

1) IoT 서비스의 기본 구조

IoT 서비스를 구성하고 있는 기본 구성 요소에 대해 다시 한번 정리해 보자. IoT 서비스 전체 구조는 'IoT Sensor & Device - Network - IoT Platform - App/Web'으로 구성된다. 아무리 복잡한 IoT 서비스도 그 구조를 단순화하여 정리하면 기본적으로 아래와 같은 구조로 정리할 수 있다.

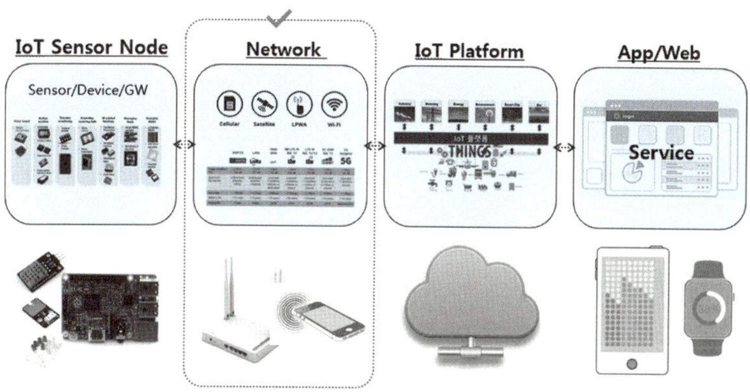

- IoT Sensor Node: IoT 센서와 디바이스로 구성되며, 주로 서비스 현장에 설치되는 다양한 형태의 Things들을 이야기한다.
- IoT Network: 서비스 현장에 설치되는 다양한 형태의 Things IoT Sensor Node들과 IoT 관련 인프라를 연결해 주는 통신망을 말한다.
- IoT Platform: IoT Sensor Node와 IoT infra를 연결해 주는 역할을 말한다.

▪ IoT App/Web: 사용자들이 IoT 서비스를 사용하는 창구 역할 즉, 서비스 프로그램을 말한다.

2) 통신망 기술의 발전

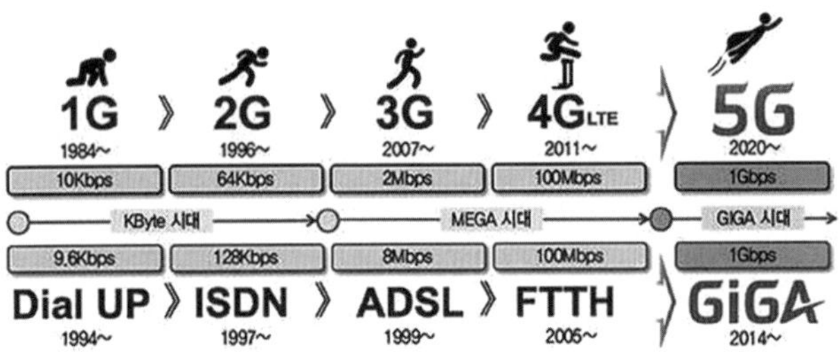

현재의 통신망 기술은 'GiGA'와 '5G'를 중심으로 발전을 하고 있다. 유선 통신망에서 일반 사용자들도 GiGA의 속도로 인터넷을 이용할수 있도록 발전하고 있으며, 스마트폰을 기반으로 하는 이동통신망의 경우도 차세대 5G 통신을 위한 시범 서비스를 진행하고 있기 때문에 가까운 시일 안에 사용자들에게 새로운 통신 환경을 제공할 것으로 기대되고 있다.

글로벌 이동통신 업체들이 경쟁적으로 준비하고 있는 5G는 기존 통신망과 다른 어떠한 특징을 갖고 있을까? 아직 본격적인 상용화가 되지는 않았지만 전문가들은 다음과 같은 서비스를 제공받을 수 있을 것으로 전망하고 있다.

▪ '1,000 ~ 1만 배 〉 현재' 트래픽 수용: 현재의 트랙픽보다 최소 1,000배에서 1만 배 이상의 트래픽을 수용할 수 있어야 한다.
▪ 최대 1 ~ 10Gbps 초고속 데이터 처리 속도: 최대 1 ~ 10Gbps의

초고속 데이터 처리 속도를 가져야 한다.

- 1밀리초msec 이하의 저지연: 안정적인 서비스 제공을 위해 1밀리초msec 이하의 저지연 신뢰성을 제공해야 한다.
- 품질 안정성 확보: 다양한 서비스들을 지원하기 위해 통신 품질 안정성이 확보되어야 한다.
- 저전력 수명, 에너지 효율성: 다양한 디바이스들을 지원하기 위해 10년 이상의 저전력 수명 및 에너지 효율성이 높아야 한다,
- 확장 · 운용 · 진화가 용이한 유연성: 새로운 기술과 서비스의 대응을 위해 유연성을 가져야 한다.
- 저비용의 경제성: 상대적으로 저렴한 통신비용을 통한 경제성 확보가 가능해야 한다.

3) 5G 이동통신 로드맵

출처: 5G Master Plan, KT, 2015

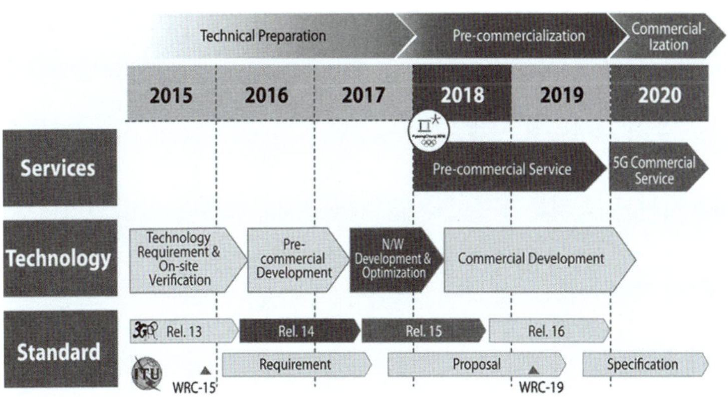

KT에서 2015년도에 발표한 '5G Master Plan'에 의하면 5G는 Pre-commercialization 즉, 시범 상용화 단계의 서비스가 2018년 평창올림픽을 기준으로 제공되고 실질적인 상용화는 2020년에 제공되는 것으로 계획되어 있다.

한편 이동통신에 대한 국제 표준인 3GPP에 의하면, 5G에 대한 표준화의 경우 3GPP Release 형태로 기술이 발달되고 있으며, 상용화를 위한 Release 버전은 'Release 16'이 완료되는 2019년에 제공될 것으로 예상되고 있다.

4) IoT 통신의 특성

출처: KT 사물인터넷 전략 발표, 2016

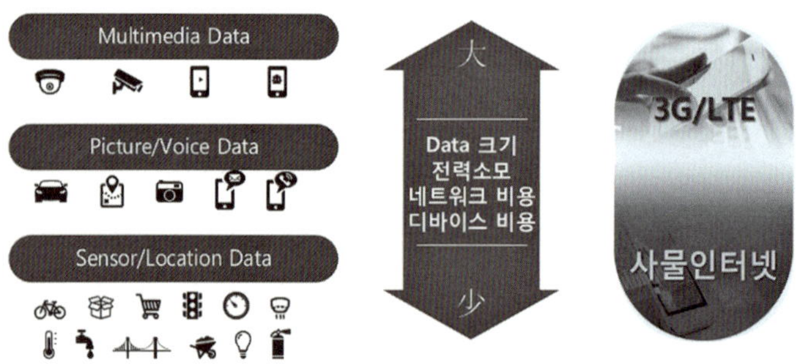

IoT에서 사용되는 통신은 이전 환경과는 어떻게 달라질까? 이는 다음 네 가지의 대표적인 특성으로 정리해 볼 수 있다.

(1) Data의 크기

센서, 상태, 제어, 위치 등 IoT의 기반 정보들은 멀티미디어나 음성 데이터들에 비해 작은 크기를 갖는다. 그러므로 IoT 서비스에서 사용되는 데이터는 일반적으로 이전에 사용되는 타 서비스들에 비해 상대적으로 적은 크기를 사용하게 된다.

(2) **전력 소모**

IoT에서 사용되는 디바이스들의 경우, 상시 전원이 아닌 배터리 전원을 사용하는 경우가 많기 때문에 전력이 서비스 기간 동안 충분히 제공될 수 있어야 한다. 특히 웨어러블 기기들의 경우 사용자들의 이러한 요구는 지속적으로 증대되고 있다.

(3) **네트워크 비용**

IoT는 비즈니스의 특성상 다수의 디바이스들을 사용해야 하는 환경이므로 네트워크 비용도 기하급수적으로 증가하게 된다. 기존의 대용량 트래픽을 위해 사용하는 통신망을 이용한다면 비용을 감당할 수 없기 때문에 IoT 비즈니스에 특화된 네트워크 비용이 필요하다.

(4) **디바이스 비용**

IoT 비즈니스에서 디바이스의 확산은 불가피한 상황이다. 물론 소량의 디바이스 제공만으로 가능한 IoT 서비스가 존재하지만 대부분의 IoT 서비스는 디바이스 보급이 서비스의 성패를 좌우한다. 그러므로 IoT 디바이스 제조 및 관리 비용의 효율성은 중요한 문제이다.

그러나 앞에서 정리한 네 가지의 IoT 통신의 특성이 모든 IoT 서비스에 적용되는 것은 아니다. IoT 서비스에 대한 비즈니스 및 솔루션을 설계할 때 해당 서비스를 명확하게 분석하여 최적화된 통신 방식을 선택하는 것이 중요하다. 서비스 중에는 고객의 요구와 기술적 특성으로 인하여 대용량의 데이터를 필요로 하는 경우도 발생하기 때문이다.

일례로 자율주행 자동차의 각종 센서 정보를 주고받기 위해 디바이스를 준비하고 있는 업체의 경우를 생각해 보자. 향후 자율주행 자동차에 사용될 센서의 수량은 많게는 500개 이상이 될 수 있다고 한다. 이런 경우에 단순히 자율주행 자동차에 탑재되어 있는 센서 데이터만을 생각하고 디바이스를 설계한다면 통신망을 IoT 전용망으로 설계할 수도 있을 것이다. 그러나 향후의 자율주행 자동차들은 초고해상도의 CCTV 정보도 주고받아야 한다. 차량에 탑재될 다수의 초고해상도 CCTV 데이터는 소량의 데이터 처리를 목적으로 하는 IoT 통신망에서는 적합하지 않다. 따라서 자율주행 차량의 디바이스를 개발하는 디바이스 업체는 이런 통신 특성을 반영할 수 있도록 대용량 이동통신망으로 설계를 하거나 IoT 전용망과의 하이브리드 형태로 개발을 진행해야 할 것이다.

5) IoT 통신망의 필요성

앞에서 살펴본 것처럼, 일반적인 IoT 통신망의 특성은 소량의 Data 크기와 낮은 전력을 소모하며 저렴한 네트워크와 디바이스 비용을 갖는다. 이와 같은 IoT 통신의 특성으로 인하여 이를 반영한 IoT 전용 통신망에 대한 요구가 점점 커지고 있다.

사용자들의 IoT 전용 통신망에 대한 대표적인 요구사항들을 정리해 보면 다음과 같다.

- 기존 통신망 대비 낮은 통신 모뎀 및 통신망 비용
- IoT 디바이스 특성에 따른 저전력장기간 사용 및 에너지 효율성 확보
- 효율적인 전파 도달 거리침투력 확보

따라서 IoT 디바이스와 서비스 형태 등 다양한 요구사항에 대응하고, 서비스 구성 및 설계에 따라 적절한 통신의 선택권을 제공하며 다양해지는 IoT 서비스에 대처할 수 있는 최적화된 통신망이 필요하다.

6) IoT 통신망의 구분

IoT 통신망은 사용 방식에 따라 근거리 통신, 원거리 통신으로 구분할 수 있다.

- 근거리 통신: WiFi, Bluetooth, Z-Wave, ZigBee 등
- 원거리 통신: 3G, LTE, 5G, LTE-M, NB-IoTNarrow-Band, eMTC 등

다음 도표에서 보는 것처럼, 근거리 통신망은 WiFi, Bluetooth, Z-Wave, ZigBee 등과 같이 1Mbps 이하의 낮은 속도와 100m 정도의 거리에서 사용된다. 원거리 통신망은 NB-IoT, LoRa, Sigfox, LTE-M. eMTC 등과 같이 10Km 내외의 거리와 낮은 속도를 사용하는 IoT 전용망과 그 외 일반 이동통신망으로 구분되고 있다.

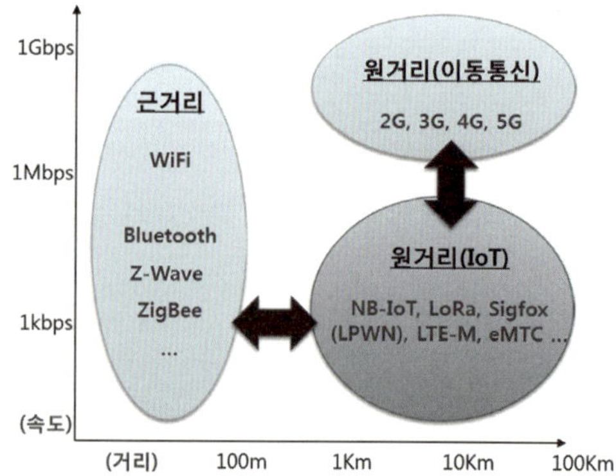

현재 사용 가능한 대표적인 IoT 통신망은 다음과 같이 요약할 수 있다. 주파수 대역을 기준으로 보면 표준 면허 대역을 사용하는 LTE-M, NB-IoT 통신망이 있으며, 비면허 대역인 LoRa, Sigfox 통신망이 있다. 이들 통신망들은 각각 수 kbps에서 Mbps 단위까지의 전송 속도 차이를 보이고 있다.

(1) IoT 통신망의 종류

구분	LTE-M	NB-IoT	eMTC	Sigfox	LoRa
주파수 대역	면허 대역 (LTE)	면허 대역 (LTE)	면허 대역 (LTE)	비면허 대역 (920MHz)	비면허 대역 (920MHz)
표준화	3GPP	3GPP	3GPP	ETSI	LoRa Alliance
속도	10/5Mbps	수백kbps	1Mbps 이하	1kbps 이하	5kbps 이하

(2) eMTC & NB-IoT 통신망 비교

현재 차세대 IoT 통신망으로 가장 주목받고 있는 기술은 NB-IoT와 eMTC를 들 수 있다.

글로벌 통신기술 업체인 퀄컴의 발표 자료에 의하면, eMTC는 대역폭 1.4MHz로 최대 처리량이 1Mbps이며, VoLTE나 완전한 이동성 등의 필수 기능을 지원하여 자산 추적기나 웨어러블 기기 등의 IoT 분야에 활용이 가능하다. 반면 NB-IoT는 계량기나 센서 등 처리하는 데이터량이 적고 실시간 처리가 필요하지 않는 IoT 분야에 적합하며, 대역폭 200kHz에서 데이터 전송률은 수십 kbps이며 커버리지는 훨씬 더 넓다고 알려져 있다.

출처: 퀄컴 - https://blog.naver.com/qualcommkr/221070820342

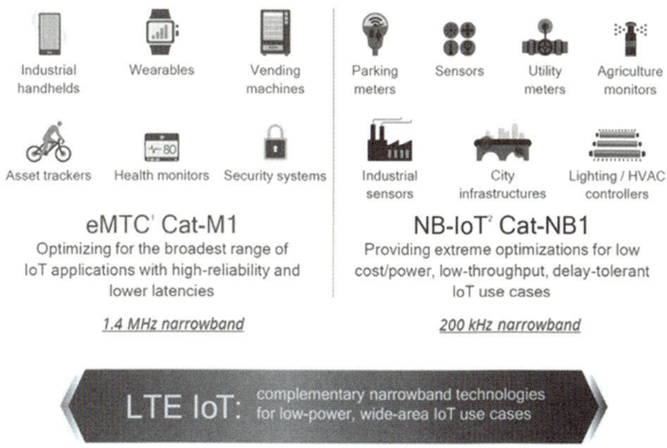

7) IoT 통신망 기술 - 원거리 통신망

현재 IoT 관련 원거리 통신기술과 관련하여 다양한 IoT 통신망 기술이 경쟁하고 있으며, 선택의 주요 기준으로 면허 대역 여부, 표준화 정도, 생태계 형성, 로밍 등을 들 수 있다.

각 통신 기술들이 IoT를 위해 개발된 것이지만, 커버리지, 배터리 수명, 통신 속도 등 세부사항들에 차이들이 존재한다. 그러므로 준비하고자 하는 비즈니스에 적합한 통신기술을 비교하여 최적의 기술을 선택해야 한다.

다음 도표는 IoT 통신망의 대표적인 기술들이다. KT가 주도한 LTE-M과 NB-IoT는 유럽 시장을 중심으로 확산되고 있다. 또한, SIGFOX는 최근 국내에도 비즈니스를 추진하고 있으며, LoRa는 SKT에서 많은 투자를 통해 확산에 노력하고 있다.

이 기술들 중 현재 시장에서 가장 많은 관심을 받고 있는 기술들로는 LoRa와 NB-IoT 등이 있으며, 특히 NB-IoT망은 차세대 IoT 전용망으로 주목을 받고 있다.

구분	LTE-M (Cat-1 + PSM)	NB-IoT	SIGFOX	LoRa
Coverage	~ 11 Km	~ 15 Km	~ 30 Km (rural) ~ 10 Km (urban)	~ 15 Km (rural) ~ 5 Km (urban)
배터리 수명	~ 10 years	~ 10 years	~ 10 years	~ 10 years
통신모듈 가격	~ $20	~ $10	~ $5	~ $5
표준화	Cat-1: 3GPP Rel.8 (완료) PSM: 3GPP Rel.12 (완료)	3GPP Rel. 13 2016 2Q	ETSI (완료)	LoRa Alliance (완료)
주파수 대역	면허대역 (LTE)	면허대역 (LTE)	비면허대역 (920 MHz)	비면허대역 (920 MHz)
대역폭	20 MHz	200 KHz	200 KHz	~ 500 KHz
통신속도	< 10/5 Mbps (DL/UL)	~ 100 Kbps	< 1 Kbps	< 5 Kbps
전국망 상용화 시기 (in Korea)	2016.03 (KT)	2017 2Q 예정 (KT)	-	2016 4Q 예정 (SKT)

PSM: Power Saving Mode　　Source: KT, SK 텔레콤

[표 3-1] IoT 통신망들의 특성

8) IoT 전용망으로 주목받는 NB-IoT

NarrowBand-IoTNB-IoT는 이동통신망을 통해 저전력 광역 LPWA: Low Power Wide Area 통신을 지원하는 협대역 사물인터넷 표준으로 오랜 배터리 수명, 높은 침투력, 저비용 요건을 내세우며 실내외에서 공통적으로 사용되는 애플리케이션을 목표로 한다.

출처: https://www.u-blox.com

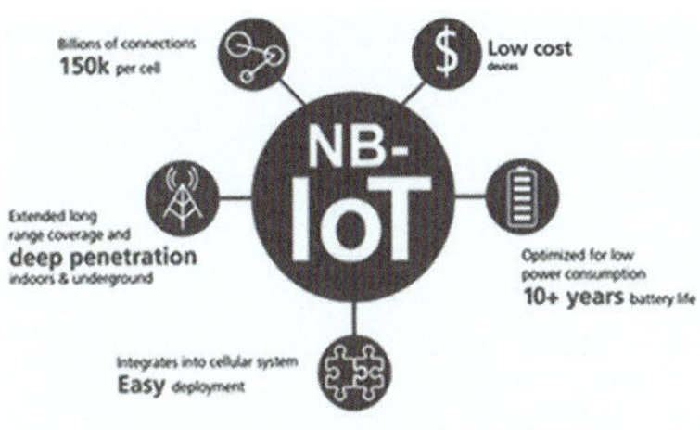

NB-IoT 통신망 특성

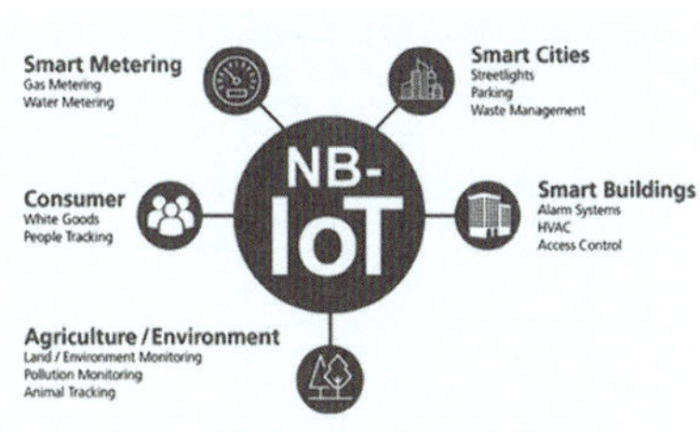

NB-IoT 주요 서비스

모듈 제조사인 u-blox사에 따르면, NarrowBand-IoTNB-IoT 통신망은 단일 기지국당 최대 15만 대의 장치를 지원한다. 커버리지를 개선하여 지하나 건물 내부와 같은 통신 취약 조건에서도 탁월한 성능을 제공하는 장점이 있다. 다른 무선통신 기술들과 달리 NB-IoT는 장치가 덜 복잡하여 제조에 용이하며, 초저전력 작동 등의 특징을 갖고 있다.

이와 같은 특징 때문에 NB-IoT 통신망을 기반으로 스마트 미터링, 스마트 시티, 농업과 환경, 스마트 빌딩 등의 다양한 IoT 서비스가 가능하게 된다.

9) IoT 통신망 기술 - 근거리 통신망

IoT 통신 기술들 중 근거리 통신은 데이터 및 디바이스 크기, 거리, 전력, 속도 등 용도와 사용 편리성에 따라 다양한 기술이 사용되고 있다.

	NFC	RFID	Bluetooth®	Bluetooth® LE	ANT	Proprietery (Sub-GHz & 2.4 GHz)	Wi-Fi®	ZigBee®	Z-wave	KNX	Wireless HART	6LoWPAN	WiMAX	2.5–3.5 G
Network	PAN	PAN	PAN	PAN	PAN	LAN	LAN	LAN	LAN	LAN	LAN	LAN	MAN	WAN
Topology	P2P	P2P	Star	Star	P2P, Star, Tree Mesh	Star, Mesh	Star	Mesh, Star, Tree	Mesh	Mesh, Star, Tree	Mesh, Star	Mesh, Star	Mesh	Mesh
Power	Very Low	Very Low	Low	Very Low	Very Low	Very Low to Low	Low-High	Very Low	Very Low	Very Low	Very Low	Very Low	High	High
Speed	400 Kbs	400 Kbs	700 kbs	1 Mbs	1 Mbs	250 kbs	11-100 Mbs	250 kbs	40 Kbs	1.2 Kbps	250 kbs	250 Kbs	11-100 Mbs	1.8-7.2 Mbs
Range	<10 cm	<3 m	<30 m	5-10 m	1-30 m	10-70 m	4-20 m	10-300 m	30 m	800 m	200 m	800 m (Sub-GHz)	50 km	Cellular network
Application	Pay, get access, share, initiate service, easy setup	Item tracking	Network for data exchange, headset	Health and fitness	Sports and fitness	Point to point connectivity	Internet, multimedia	Sensor networks, building and industrial automation	Residential lighting and automation	Building automation	Industrial sensing networks	Senor networks, building and industrial automation	Metro area broadband Internet connectivity	Cellular phones and telemetry
Cost Adder	Low	Low	Low	Low	Low	Medium	Medium	Medium	Low	Medium	Medium	Medium	High	High

[표 3-2] 근거리 통신 기술들의 특성

현재 가장 많이 사용되고 있는 근거리 통신 기술로는 WiFi, Bluetooth, Z-Wave, ZigBee, RFID, NFC 등을 들 수 있다.

WiFi의 경우 가정, 회사, 공공장소 등에서 가장 손쉬운 통신 수단으로 사용되고 있으나 보안에 취약한 문제로 인하여 중요한 비즈니스 용도로는 잘 사용되고 있지 않고 있다. 일반적으로 저렴한 비용과 스마트폰 보급에 따른 사용성 등을 생각할 때 현재 가장 대중적으로 널리 사용되고 있는 것이 Bluetooth 기술이다. 홈 IoT를 중심으로 가정 내 다양한 IoT 디바이스 연동에 많이 사용되는 기술로는 Z-Wave를 들 수 있다. Z-Wave 허브를 중심으로 손쉽게 디바이스를 연동하여 사용할 수 있다는 장점을 가지고 있다.

10) WiFi 통신 기술

Wi-Fi AllianceWFA는 WLAN의 국제화 및 인증을 위해 1999년 설립현재 600개 이상 회원사 참여하였으며,

기본적으로 Wi-Fi 명칭의 디바이스를 만들기 위해서는 WFA를 통해서 인증을 받아야 한다.

Wi-Fi와 관련한 다양한 표준 명칭 'Wi-Fi n, Wi-Fi ac, Wi-Fi Direct, Miracast' 등은 Wi-Fi Alliance에서 제공하는 인증 프로그램의 명칭이다.

구분	802.11b	802.11a	802.11g	802.11n	802.11ac
주파수	2.4GHz	5GHz	2.4GHz	2.4/5GHz	5GHz
거리	70~100m	15~35m	50~80m	실내 70m, 실외 250m	100m
채널 대역폭	20MHz	20MHz	20MHz	20/40MHz	20/40/80/160 MHz
최대 다운로드 속도	11Mbps	54Mbps	54Mbps	600Mbps	6.93Gbps
장점	저가제품으로 구현 가능	상대적으로 낮은 간섭현상	802.11b와 호환	802.11b/g와 호환	고속통신
단점	블루투스와 간섭현상 발생	위성통신 주파수 사용, 일부 사용 불가 국가 존재	블루투스와 간섭현상 발생	WEP, WPA, TKIP 미지원	5GHz는 통신위성 주파수 대역

[표 3-3] WiFi 통신 기술의 특성

11) Bluetooth 통신 기술

Bluetooth는 Ericsson이 1994년 최초로 기술을 개발하여 상용화한 무선 기술로서 현재 전 세계 82억 대를 사용 중이다. 1998년 Ericsson, Nokia, Intel, Toshiba and IBM에 의해서 BT SIG가 결성되면서 상용화되었다. 각 버전별 특성은 다음과 같다.

구분	내용
Bluetooth 4.1	- 간섭, 연결성 향상 : 블루투스와 LTE 사이 간섭현상 감소, 자동 재연결 지원 - 데이터 전송 개선 : 통신 전송상태를 보다 효율적으로 개선 - 개발자에게 더 많은 유연성 제공 : IPV6 사용, 128bit AES암호화 추가
Bluetooth 4.2	- Bluetooth 4.0 대비 전송속도 2.5배 증가 - IPv6와 6LoWPAN 지원 (128bit AES 암호화 지원, 인터넷 직접 접속) - 사용자의 허락없이 블루투스 기기 위치 추적 불가
Bluetooth 5.0	- 2016년 Bluetooth SIG 차세대 블루투스 규격 '블루투스 5'를 공개(17년~ 활성화) - 전송 범위 4.2대비 4배 증가. 최대 1,200피트(약 365미터) 데이터 전송 가능 - 위치파악 기능-GPS없이 사용자와 기기의 위치와 움직임을 정교하게 파악 가능
Bluetooth Low Energy	- Bluetooth 4.0부터 지원(Single Mode, Bluetooth Smart, Data Rate 1M) - 피크/평균/대기전력을 줄여 cell 전지로 1~2년 사용 가능(Range ~50m(10dBm))
Bluetooth Classic	- Wireless devices, streaming rich content like video and audio - 충분한 데이터를 전달할 수 있는 통신 방식
Bluetooth Smart	- Sensor devices, sending small bits of data - BLE를 이용하여 저전력으로 짧은 데이터를 전달하는 규격
Bluetooth Smart Ready	- Bluetooth Classic + Bluetooth Smart

[표 3-4] Bluetooth 통신 기술의 특성

12) Z-wave 통신 기술

Z-wave는 덴마크 회사인 Zensys현재 SigmaDesign이 인수와 Z-wave Alliance에서 개발한 프로토콜로서 현재 320개 이상의 회사가 가입되어 1,350개 이상의 제품을 출시하였다.

홈 IoT와 같은 저전력, 저 대역폭을 요구하는 장치를 위해 설계된 통신 기술이다.

구분	내용
SPEC	- 대역폭 : 100Kbit/s, 9,600bit/s, 40Kbit/s, - 변조방식 : GFSK - 통신 거리 : 약 30m(옥외 최대 75m) - ITU G.9959(MAC/PHY)기반, Mesh network topology 지원 - Interoperability, Compatibility 이 강점 - Max. network nodes : 232 - Power consumption : 1uA(sleep), 23mA(RX), ~36mA(Tx) - 상호운용성을 가지는 무선통신 프로토콜
주파수 대역	- 미국/캐나다 : 908.4MHz, 유럽 : 868.4Mhz, - 일본 : 922~926Mhz, 호주 : 921.4Mhz - 한국 : 919.7Mhz, 921.7Mhz, 923.1Mhz(2013년 할당, channel width 400Khz)

[표 3-5] Z-wave 통신 기술의 특성

13) IoT 통신 기술

한국정보통신기술협회TTA에서 발표한 "내 손안의 표준, TTA, 2017"에서는 통신 기술 관련 원거리 및 근거리 통신 기술을 다음과 같이 정리하고 있다.

항목	관련 국제 표준	관련 단체/기술 내용	관련 TTa 표준
2G/3G/ 4G/5G 이동통신망	3GPP TS 36.101, 3GPP TS 23.003 등 (2,990여 개)	**3GPP 이동통신 국제 표준화 단체** - GSM, GPRS, EGPRS, CDMA, WCDMA, HSDPA, HSUPA, HSPA+, LTE, LTE-Advanced 등	TTAT, 3G-36.101, TTAE.IR-M,2083 (IMT-2020 버전)
LoRa 로라	LoRaWAN R1.0 등	LoRa Alliance - 저전력 광대역, 비면허 sub-GHz 대역, CSS(Chirp Spread Spectrum) 방식	-
NB-IoT 협대역 IoT	3GPP Release 13 등	3GPP - stand-alone, guard band, in-band 운용모드 지원	TTAR-06.0170 (3GPP Rel.13 분석)
Wi-Fi 와이파이	IEEE 802.11a/b/g/in/ac IEEE 802.11ah 등	Wi-Fi Alliance - 저전력 장거리 전송, 고효율	TTAK.KO-04.0215 (스마트전원)
Bluetooth 블루투스	Bluetooth spec. IEEE 802.15.1. IETF RFC7668 등	Bluetooth SIG - IPv6, 6LcWPAN 기반, A2DP, AVRCP, DI, HFP, HID, HCGP, HSP, MAP, CPP, PAN, PBAP - 블루투스 5.0 400m까지 지원	TTAE.F-RFC7668. TTAE.OT-12.0018 (저전력 블루투스)
ZigBee 지그비	ZigBee PRO specitication 등	ZigBee Alliance - IEEE 802.15.4 PHY&MAC 기반 저전력, 저비용	TTAK.KO-04.0216 (홈에너지 관리)
Z-Wave 지웨이브	Z-Wave specitication	Z-Wave Alliance - ITU-T G9959 기반, Sub 1GHz, 저전력 양방향, 무선 메시, GFSK (가우시안 주파수 편이방식) 사용	TTAE.F-RFC.7428 (IPv6 패킷 전송)
NFC 근거리 무선통신	NFC Forum tech spec. ISO/IEC 18092 등	NFC(Near Field Communication) forum - NFC 기반 사물인터넷	TTAK.KO-10.0968 (NFC 기기간 연속성)

[표 3-6] 내 손안의 표준, TTA, 2017

03 센서(Sensor) 기술

1) 센서(Sensor) 개요

오늘날 IoT가 발달하는데 가장 큰 영향을 미친 기술들 중 하나는 센서Sensor 기술이라 할 수 있다. '센서'sensor 기술은 과거에는 불가능했던 영역에 대한 센싱, 더 정밀하고 정확해진 센서의 개발, 센서 가격의 하락 등 지속적인 발전을 통해 다양한 IoT 서비스들을 가능하게 하고 있다.

센서Sensor의 사전적 의미는 'A device giving a signal for the detection or measurement of a physical property to which it responds. Oxford dict' 즉, '반응하는 물리적 특성의 탐지 또는 측정을 위한 신호를 제공하는 장치'를 말한다. 또한, '측정 대상물로부터 압력 · 가속도 · 온도 · 주파수 · 생체신호 등의 정보를 감지하여 전기적 신호로 변환하여 주는 장치device를 의미ETRI'한다는 표현도 있다.

센서Sensor의 기본 구조는 물리적, 화학적, 생체적 입력을 통해 감지 소자와 신호 처리를 거쳐 인터페이스를 통해 출력되는 일련의 형태를 가지고 있다.

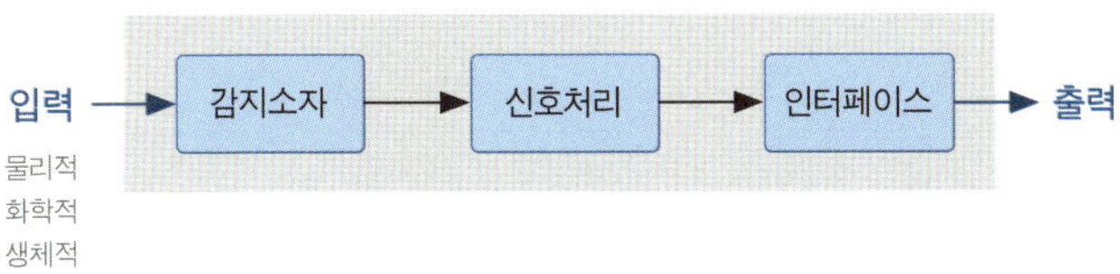

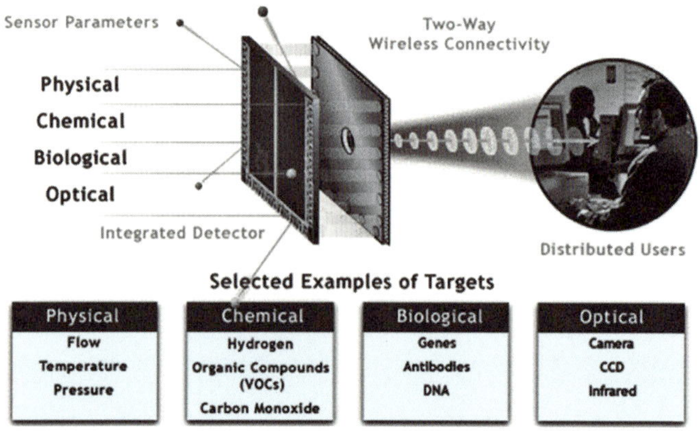

[그림 3-3] 센서(Sensor)의 기본 구조

2) 센서(Sensor)의 종류

센서Sensor의 종류는 구분하는 방식에 따라 다양한 형태가 있으나, 일반적으로 감지 대상별 내용에 따라 물리 센서힘, 온도, 전자기, 광학 등, 화학 센서가스, 이온, 수질 등, 바이오 센서 등으로 분류된다. 이 외에도 감지 방식별, 집적도별, 구현 기술별, 적용 분야별 등 다양하게 종류를 구분할 수 있다.

구분	내용
감지 대상별	물리센서(힘, 온도, 전자기, 광학 등), 화학센서(가스, 이온, 수질 등), 바이오센서
감지 방식별	저항형 센서, 용량형 센서, 광학식 센서, 자기식 센서
집적도별	단순센서, 전자식 센서, 디지털 센서, 지능형 센서
구현 기술별	반도체 센서, MEMS 센서, 나노센서, 융복합센서
적용분야별	자동차용, 모바일용, 가전용, 환경용, 의료용 등

다음은 다양한 센서Sensor 예시이다. 외형만으로 어떤 종류들의 센서Sensor인지 구분이 가능한가?

위의 센서Sensor들은 모두 온도 센서Sensor들이다. 이와 같이 동일한 기능을 하는 온도 센서Sensor이지만, 다양한 외형과 특성을 가지고 있기 때문에 각각의 서비스, 구축 방식 등의 환경에 맞추어 최적화된 선택 및 사용을 해야 한다.

3) 센서(Sensor) 기술의 발전

현재 센서Sensor 기술은 소형화, 복합화, 지능화라는 세 가지 큰 방향성을 가지고 발전하고 있으며, 이렇게 발전하는 센서의 발전 모습은 '스마트 센서Smart Sensor'라는 명칭으로 정의되고 있다.

'한국센서연구조합'에 따르면 센서Sensor 연구의 주요 방향은 다음과 같이 진행되고 있다.

- 이전에는 센싱할 수 없었던 영역의 센싱
- 센서Sensor의 제조 공정 및 작동 원리 혁신예: 3D 프린팅을 활용한 Flexible 형태 센서 개발
- 전력소비 향상을 통한 가용성 확대예: 운동에너지 변환을 통한 자가발전
- 기존 센서Sensor의 정확도와 정밀도 향상예: 미세 동작 감지센서 등

ETRI에서 발간한 『센서 산업과 주요 유망 센서 시장 및 기술 동향, 2015』 자료에 따르면 센서Sensor의 발전 방향은 센서부와 신호처리부로 나누어져 스마트 센서화, 상황 인지/자동화/융복합 다기능화의 방향으로 발전하고 있다.

출처: 센서 산업과 주요 유망 센서 시장 및 기술 동향, 2015.05, ETRI

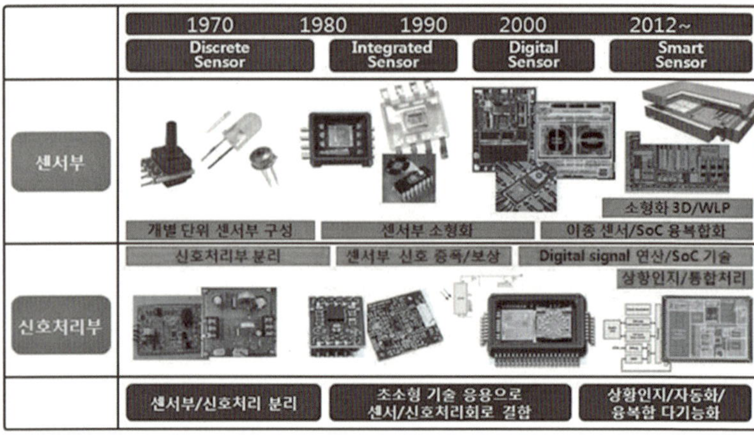

[표 3-7] 센서 기술의 동향

4) 센서(Sensor) 시장 전망

현재와 같은 추세라면 향후 10년 안에 약 1조 개 이상의 센서Sensor를 사용하는 '트릴리온trillion 센서 시대'를 맞이할 것으로 전망되고 있다. 센서Sensor가 사용되는 주요 분야로는 IoT, 자율주행 자동차, 로봇, 스마트폰, 스마트 공장 등으로 예상된다.

산업통상자원부에 따르면, 세계 센서 시장 규모는 2016년 1050억 달러약 115조 7,000억 원에서 2020년 1417억 달러약 156조 1,500억 원까지 성

장할 전망이다. 한국 내수 시장 역시 2020년 11조 원대로 커질 것으로 전망된다. 세계 센서 시장은 연평균 10.6%의 높은 성장세를 보이고 있으며, 국내 시장도 6.8%의 고속 성장을 할 것으로 전망된다. 현재 세계 센서 시장은 미국, 일본, 독일 등 3개국이 70% 이상을 점유하고 있어 선진국의 독점화가 비교적 심한 분야로 평가받고 있다.

출처: 지식경제부(2012), “센서산업 발전전략” 보도자료를 기반으로 ETRI 산업전략연구부 추정

구분	2012	2013	2014	2020	CAGR
국내 내수시장	54	60	65.7	99	10.4%
국내 생산액	13.3	15.3	17.7	42	15.5%
수출액	7.6	8.6	9.8	21	13.5%
수입액	48.3	53.3	57.8	78	8.2%
세계시장에서 국내 생산 비중(%)	1.9%	2.1%	2.2%	3.4%	-
국내기업의 내수시장 점유율(%)	10.5%	11.2%	12.0%	21.2%	-

[표 3-8] 국내 센서 시장 규모

국내 시장 규모는 2020년 약 11조 원으로 전망되며, 세계 시장에서의 시장 점유율은 2%대에 머물고 있다. 국내 센서 시장은 높은 성장세를 예상하고 있으나 국내 기업들의 점유율은 현재 10%대에 머물고 있는 실정이며 다음과 같은 특징을 보이고 있다.

- 국내 내수시장은 세계 시장보다 높은 성장률이 예상되나, 국내 기업의 내수시장 점유율은 10.5% 수준으로 매우 낮은 상황
- 국내 기업의 생산액은 2012년 기준 13.3억 달러 규모로 세계 시장에서 차지하는 비중은 1.9%로 매우 낮은 수준
- 국내 센서 기술은 초보 단계이며 스마트폰 이미지 센서 중심으로 생산이 이루어지고 있다. IoT 핵심 센서인 압력 · 가속도 · 영상 센서 등은 100% 수입에 의존하는 실정

5) 센서(Sensor) 산업의 범위

출처: 지식경제부(2012), "센서산업 고도화를 위한 첨단센서 육성사업 기획보고서"

	소재 (Material)	소자형 (Device)	모듈형 (Module)	시스템형 (System)
		반도체/MEMS 공정 →	패키징/조립 공정 →	조립 공정 →
그림	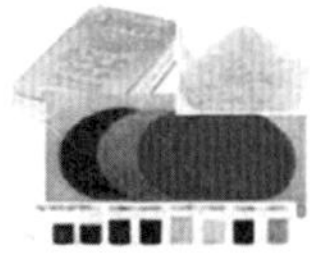		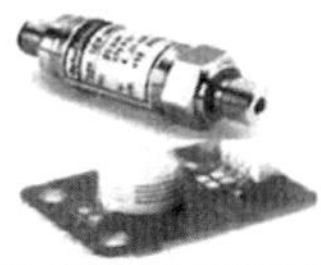	
설명	기본재료	소재를 사용하여 고유 기능이 구현된 것. 부품이라고도 함	복수의 부품(소자)을 조립한 특정 기능을 가진 조그만 장치(부품과 제품의 중간적 존재)	복수 센서, 입출력 장치, 제어장치 등이 유기적으로 결합 작동되는 장치 (최종 제품이 많음)
종류	실리콘기판 유리기판 세라믹기판 Au, Ag, ZnO CNT 등	- 센서 칩 - 센서 IC - 가속도센서 - 압력센서 - 온도센서 등	- 압력센서모듈 - 습도센서모듈 - 가스센서모듈 - 충격센서모듈 - 인체감지센서모듈	- 타이어압력모니터링 - 레이더센서 - 캡슐내시경 - 수질모니터링 - 적외선카메라 등

[표 3-9] 센서의 유형

지식경제부2012의 『센서 산업 고도화를 위한 첨단 센서 육성사업 기획보고서』에 따르면 센서 산업의 범위는 소재, 소자형, 모듈형, 시스템형 등으로 구분할 수 있다.

- 소재Material: 기본 재료가 되는 소재 분야
- 소자형Device: 소재를 사용하여 고유 기능이 구현된 부품인 소자형
- 모듈형Module: 복수의 부품소자을 조립한 특정 기능을 가진 장치인 모듈형
- 시스템형System: 복수 센서, 입출력 장치, 제어 장치 등의 유기적으로 결합된 장치인 시스템형

6) 센서(Sensor)의 선택

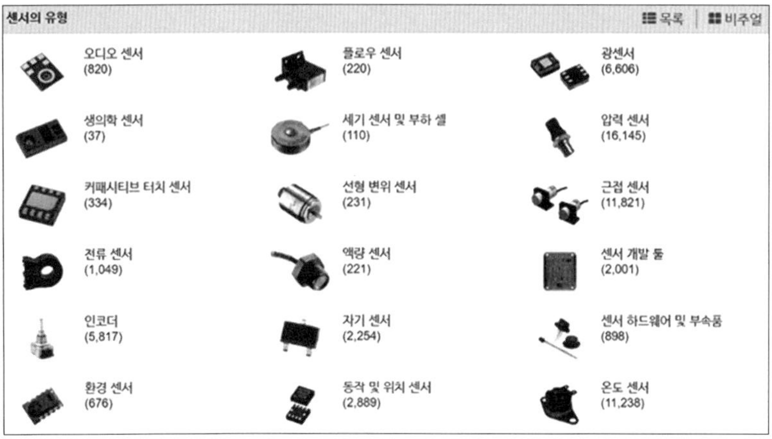

[그림 3-4] 온라인 마켓인 'MOUSER ELECTRONICS'(http://kr.mouser.com/)

IoT 서비스에 있어 센서Sensor의 선택은 서비스의 품질을 결정하는 중요한 의사결정 중의 하나이다. 대표적이 센서 온라인 마켓인 'MOUSER ELECTRONICS'에서 판매하고 있는 온도 센서 한 종류의 제품이 1만 개 이상이다.

새롭게 준비하는 IoT 서비스를 설계할 때 센서의 정밀도, 작동 환경, 데이터 형태, 내구성, 가격 등 모든 요소가 서비스의 품질에 문제를 야기하지 않도록 세심한 분석과 준비가 필요한 것이다. 온도 센서의 가격도 몇백 원에서 수백만 원까지의 다양한 가격대를 형성하고 있다. 이 또한 IoT 비즈니스에 막대한 영향을 주게 된다.

(1) 자동차 분야의 센서류

출처: 지식경제부, 센서 산업 발전전략 보도 자료

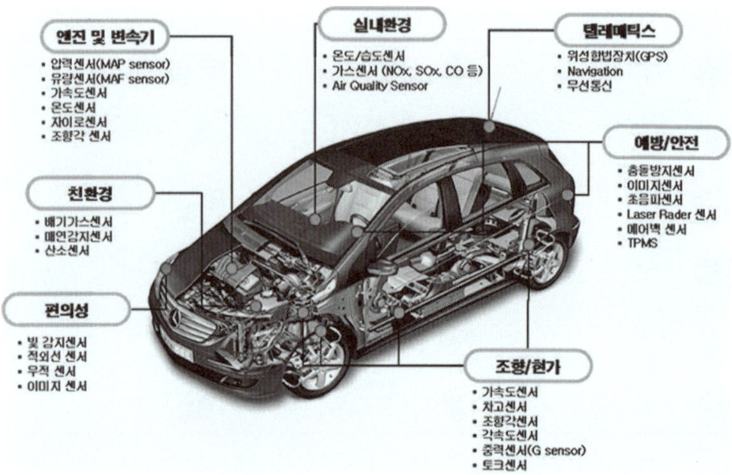

(2) 모바일 분야의 센서류

출처: 센서 산업과 주요 유망 센서 시장 및 기술 동향, 2015.05, ETRI

센서		내용
카메라 (이미지) 센서		- 빛을 감지해 그 세기의 정도를 디지털 영상 데이터로 변환해 주는 센서 - 휴대폰, 디지털 영상기기뿐만 아니라 CCTV, 자동차 전후방 카메라, 로봇, 스마트TV 등으로 적용이 확대되고 있음
마이크로폰 (음향) 센서		- 물리적 소리를 공기 압력의 변화에 의해 전기적인 신호로 변환하는 센서 - 현재 ECM이 보편적으로 사용 중이나 최근 MEMS 마이크로폰의 스마트폰 탑재가 확대되는 추세
근접센서		- 검출제가 가까이 근접했을 때 검출 대상물의 유무를 판별하는 무접촉 방식의 검출 센서 - 보통 통화를 위해 스마트폰을 얼굴에 가까이 가져가거나 주머니에 넣는 경우 화면이 꺼지게 하는 기능 등에 활용
조도센서	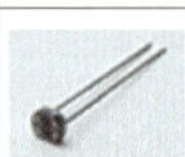	- 주변 밝기에 따라 화면의 디스플레이 조도를 자동으로 조절해 주는 센서 - 모바일 단말의 전력소모량 줄이고 눈의 피로감 덜 수 있도록 함

중력센서		중력이 어느 방향으로 작용하는지 탐지해 물체 움직임을 감지하는 센서로, 스마트폰의 디스플레이 방향을 판단해 스크린의 방향을 자동으로 보정해주는 역할 등에 사용
GPS 센서		위성 위치 확인 시스템을 통해 물체의 시간 및 위치 정보 획득이 가능한 센서
가속도 센서	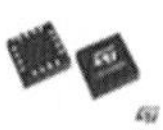	단위시간당 물체 속도의 변화를 검출하는 센서로 가속도, 진동, 충격 등의 동적인 힘을 감지. 초기에는 2축 가속도 센서가 주류였으나 최근 MEMS 기술을 적용한 3축 가속도 센서 사용
지자기 센서		지구 자기장의 흐름을 파악해 나침반처럼 방위각을 탐지하는 센서로, 기존에는 2축 센서가 주류였으나 최근 3축 센서가 보편화됨
자이로 스코프		물체의 관성을 전기신호로 검출, 주로 회전각을 감지하는 센서로 높이와 회전, 기울기 등을 감지할 수 있어 3축 가속도 센서와 연계하여 보다 정교한 모션 센싱이 가능
기압계 센서		바로미터(barometer)라고 하는 고도 측정 센서로 대기의 압력을 측정하는 장치이며, 고도계(altimeter)로도 사용됨
동작인식 센서		물체의 움직임이나 위치를 인식하는 센서로 지자기 센서, 가속도 센서 등의 각종 센서와 고도계, 자이로 등의 기능이 하나의 칩에 들어가 있는 복합 센서
온도/습도 센서		갤럭시 S4에 탑재된 센서로 S헬스 어플리케이션 사용 시, 주변 환경의 온도, 습도를 파악하여 현재 환경이 운동하기에 쾌적한 지를 판단
지문인식 센서	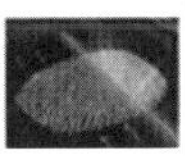	전용 센서를 이용해 지문의 디지털 영상을 획득하여 사용자를 인식하는 센서로, 광학식, 초음파식, 정전용량 방식 등의 기술이 지문인식 센서에 이용되는 기술
홍채인식 센서		최근 삼성전자가 향후 스마트폰에 채택할 것으로 발표. 아직 구체적 적용 모델은 언급되지 않고 있으나 기존 얼굴인식의 4배, 지문인식에 비해서는 6배 높은 보안성을 지니고 있는 것으로 알려짐
심장박동 센서		심장박동을 측정하기 위한 센서로 갤럭시 S5에 처음 사용. 손가락을 카메라 아래에 있는 플래스 부분에 대면 빨간 빛을 내며 심박을 체크. 측정을 위해 별도의 LED와 펄스 센서를 삽입
RGB 센서	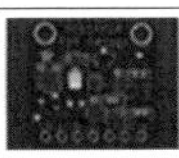	주변 빛의 색 농도를 검출하는 센서로 RGB 센서가 있는 스마트폰은 주변 빛 농도에 따라 디스플레이 색을 보정할 수 있음

[표 3-10] 모바일 분야의 센서들

04 디지털 트윈(Digital Twin) 기술

1) 디지털 트윈(Digital Twin) 개요

디지털 트윈Digital Twin은 가트너 선정 10대 기술에 2017~2018년 연속으로 선정된 최신 기술로 4차 산업혁명에서 다양한 기술들이 융합한 형태로 구현되는 가상 물리 시스템CPS: Cyber Physical System의 대표적인 사례로 볼 수 있다. Purdue University의 Michael Grieves 교수는 2000년대 후반부터 'The Mirrored Spaces Model', 'The Information Mirroring Model' 등의 명칭을 사용하여 디지털 트윈Digital Twin으로 발전되는 생산성 향상 모델을 지속적으로 연구해 오고 있다.

디지털 트윈Digital Twin의 기본 구성 요소인 디지털 객체와 물리적 사물을 연결하는 기술은 우주 탐사 초기 NASA에서 개척하였다. NASA는 즉각적으로 모니터링하고 수정하는 능력을 넘어, 굉장히 먼 거리까지 이동할 수 있는 사물을 설계하기 위해 고군분투했다. 이러한 노력 끝에 NASA가 이룬 혁신의 결과물은 물리적 시스템의 디지털 트윈Digital Twin, 즉 물리 이론대로 구동하는 기반 시스템을 작동시키고 시뮬레이션 및 분석하는 데 활용될 수 있는 이전과는 완전한 디지털 모델이었다.

Glaessgen, E. H. and D. Stargel은 「The Digital Twin Paradigm for Future NASA and U.S. Air Force Vehicles, '12년」라는 논문을 통해 디지털 트윈Digital Twin 패러다임에 대해 설명하기도 했다.

2) 디지털 트윈(Digital Twin)의 정의

[그림 3-5] Michael Grieves 교수

Michael Grieves 교수는 저서 『Digital Twin White Paper'14』에서 디지털 트윈Digital Twin에 대한 정의를 "가상 복제를 통한 제조업의 다음 단계 모델"로 정의하고 있다. "Manufacturing Excellence Through Virtual Factory Replication, describes this possible next phase in manufacturing. Factory data would feed into the simulation to make adjustments and optimize the plant."

또한, 10대 기술로 선정한 가트너Gartner에서는 디지털 트윈Digital Twin을 "물리적 사물 및 시스템의 동적 소프트웨어 모델"로 정의하고 있다.

디지털 트윈Digital Twin을 자사의 비즈니스에 가장 활발히 활용하고 있는 GE는 "물리 이론 기반 시스템을 작동시키고 시뮬레이션, 분석하는 데 활용될 수 있는 완전한 디지털 모델"로 정의하고 있으며, 이를 통해 "다양한 물리적 시스템의 구조, 맥락, 작동을 나타내는 데이터와 정보의 조합으로 과거와 현재의 운용 상태를 이해하고 미래를 예측할 수 있는 인터페이스로서 물리적 세계를 최적화하기 위해 사용될 수 있는 강력한 디지털 객체로서 운용 성능과 프로세스를 대폭 개선할 수 있다."라고 했다.

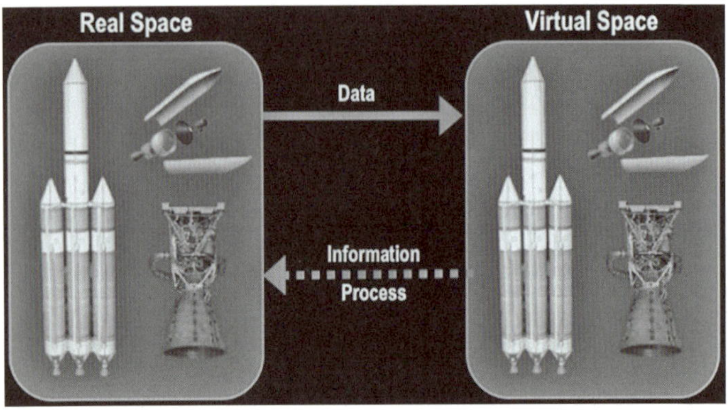

[그림 3-6] NASA의 디지털 트윈

현재 디지털 트윈Digital Twin은 개념적 정의가 일반화되지는 않았으나, 그 기대 효과 측면에서 다음과 같이 정의해 볼 수 있다.

- 가상 물리 시스템Cyber Physical System을 구현하기 위한 공학적인 모델 및 방법론으로, 다양한 첨단 기술의 조합IoT, 빅데이터, AI 등을 통해, 물리 장치 운영의 효율성과 최적화를 추구한다.
- '물리 장치'와 '가상 장치물리 장치의 모사'가 1:1 매칭되어 실시간으로 데이터, 정보를 상호 연계하여 과거와 현재의 상태와 형상을 분석하여 이해하고, 미래 예측을 통해 부가가치를 제공한다.
- 물리적 대상의 내외부 형상, 특성, 상태, 동작 등 존재하는 모든 것을 디지털화하는 기술

3) Digital Twin의 구성 요소

디지털 트윈Digital Twin을 이해하기 위해 '사물의 특성을 디지털화 한다'는 가장 간단한 형태로 개념을 정리해 주는 아래의 GE의 발표 자료는 기본적인 이해의 폭을 넓히는 데 유용하다.

출처: GE Store(https://www.youtube.com/watch?v=5TTAKvn-APQ)

[그림 3-7] GE의 디지털 트윈의 개념 소개

디지털 트윈Digital Twin은 세 가지의 구성 요소로 이루어져 있다.

출처: GE Store(https://www.youtube.com/watch?v=5TTAKvn-APQ)

[그림 3-8] GE의 디지털 트윈 사례 소개

① Physical products in Real Space: 실제 공간에 존재하는 물리적 제품물리적 객체

② Virtual products in Virtual Space: 가상 공간에 존재하는 가상의 제품디지털 객체

③ Connections of data and information that ties the virtual and real products together: 가상 · 실제 제품 간 데이터와 정보의 연결성

이러한 구성 요소를 포함하여 물리적 객체자산와 디지털 객체 간의 상호 연결성을 통해 제공되는 통합 환경 전체를 디지털 트윈Digital Twin 환경으로 볼 수 있다.

4) 통합 저장소(Unified repository)와 디지털 스레드(Digital Thread)

출처: AFRL 발표 자료, 2016

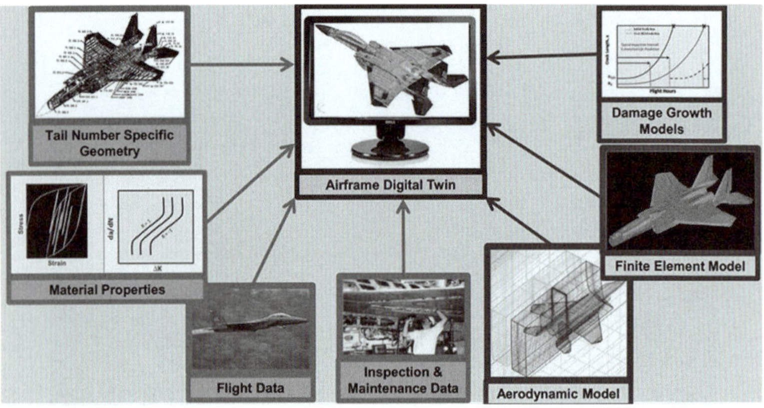

[그림 3-9] 디지털 트윈의 구성 사례

디지털 트윈Digital Twin의 가장 핵심적인 요소들 중 하나가 '통합 저

장소Unified repository'와 '디지털 스레드Digital Thread'라는 개념이다.

미국 AFRL의 발표 자료에 의하면 디지털 스레드Digital Thread는 "An extensible, configurable and component enterprise-level analytical framework that seamlessly expedites the controlled interplay of authoritative technical data, software, information, and knowledge"로 정의하고 있다.

'통합 저장소Unified repository'는 객체의 특성을 나타내는 가상으로 생성된 데이터 및 물리적 수집 데이터로 구성되는 일종의 객체 명세서이며, 디지털 트윈Digital Twin은 디지털 정보를 통합한 것으로 그 기계의 생산을 배치하고 업무상의 모든 결정에 도움을 주며, 자산을 최적화하고, 장비 작동 시나리오 분석 등 설계-제작-운영-폐기 등 전체 수면주기 과정에 걸쳐 형성된다.

이러한 전체 과정과 프레임워크를 디지털 스레드Digital Thread라고 하며, 이를 통해 소재부터 설계, 제조, 서비스에 이르는 모든 단계를 모니터링 가능하다.

디지털 트윈Digital Twin은 4차 산업혁명의 필수 핵심 기술로 물리적 세계를 디지털화하는 핵심 기술로 데이터 분석뿐 아니라 가상의 3차원 모델을 생성하여 장비가 어떻게 작동하는지 이해할 수 있게 해준다. 산업 자산Asset의 수명주기 동안 사업적 성과를 향상시킬 수 있는 운용 방안을 제시한다. 즉, 비용 절감, 운영과 관리의 최적화, 리드타임 효율화 등을 포함하는 종합적인 측면의 사업적 성과를 가능하게 해주는 것이다.

기존 Simulation이 단순 기계 정보를 시뮬레이션하고 정보 분석을 하는 것과 다르게, 디지털화 과정에 디지털 객체와 물리적 사물을 연결하는 기술을 적용하고, 이 기술은 실시간으로 학습 능력이 있으며 상호 작용이 가능해야 한다. 이를 통해 개별 산업 자산에 대한 통찰을 지속적으로 증진시켜 산업을 극적으로 변화시키고 비용을 절감하며, 생산성과 신뢰성 증진을 끌어낸다. 즉, 디지털 트윈Digital Twin은 특정 사업 측면에서 성과를 도출하는 공학적인 모델이다.

출처: Deloitte, "3D Opportunity and the Digital Thread"

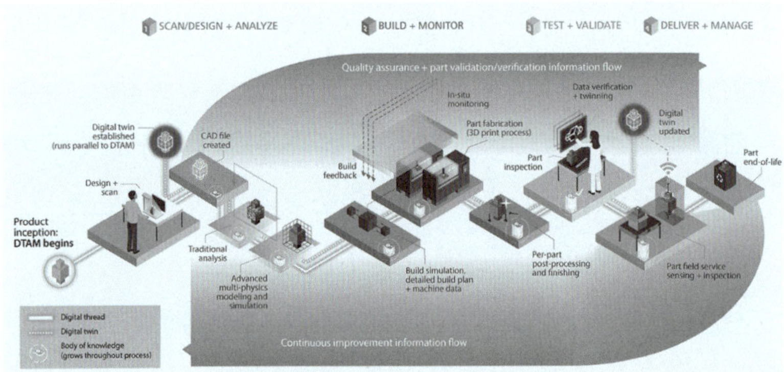

[그림 3-10] 제조 분야의 디지털 스레드

5) 디지털 트윈(Digital Twin) 핵심 기술과 주요 사례

디지털 트윈Digital Twin을 가능케 하는 핵심적인 기술은 크게 세 가지 분야로 요약할 수 있다.

첫째, 사업 분야에 대한 전문적인 데이터 역량으로 데이터 전처리Pre-processing의 자동화, 검사 역량 그리고 디지털 스레드 같은 것이다. 둘째는 공학적인 물리 모델과 디지털 모델을 도출하는 역량으로 제품의 수명이나 거동 특성 등이 포함된다. 세 번째는 대규모 데이터들을 산업 분야에서 요구하는 수준까지 분석하는 능력으로 지식을 추출하는 역량이 포함된다.

디지털 트윈Digital Twin을 적용 과정은 아래의 그림처럼 가상 센서와 컨트롤, 프로토타입, 실시간 정보 제공 등 특정 기능 단위나 업무 활용에서 엔터프라이즈 수준으로 통합되는 형태로 이루어질 것이다.

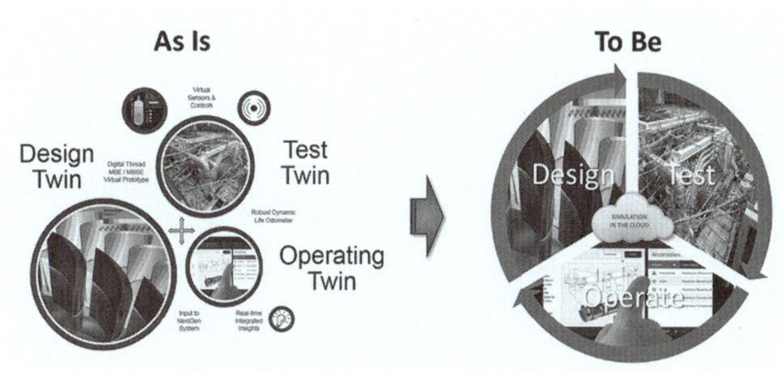

[그림 3-11] ASSYS http://www.ansys.com/

디지털 트윈Digital Twin을 적용하는 사례가 점차 확대되고 있으며, 주요 활용 사례는 다음과 같다.

(1) 디지털 풍력발전을 통한 효율 향상(GE)

부품 정비 및 운영 관리 등회전수, 부품 이상 등, 발전단지 통합 모델링

(2) 신규 자동차 개발 및 보급에 활용(마세라티)

개발 · 생산비용 절감, 생산 공정 관리, 맞춤 제작, 시험 주행 적용 등

(3) 철도 네트워크에 대한 적용을 통해 생산성과 효율성 향상(GE)

연비 효율, 통합 운행관리, 시설물관리, 설비관리 등

(4) 빌딩 설비 및 에너지 관리의 효율성(Schneider, PTC)

빌딩 설비관리의 최적화 및 에너지 효율성 증대 등

(5) 생산 공정 시뮬레이션과 오퍼레이션
(A Whitepaper by Dr. Michael Grieves)

공정 자동화와 효율성 향상, 운영의 안정성 확보

05 IoT 게이트웨이(IoT Device Gateway) 기술

1) IoT Device Gateway 개요

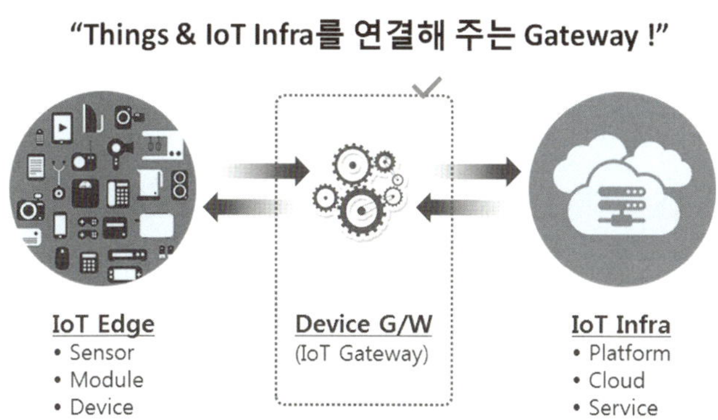

IoT 관련 소프트웨어, 하드웨어를 개발하거나 서비스를 설계할 때 종종 그 설계 과정에서 인지하지 못하거나 혹은 중요성을 정

확히 이해하지 못하는 부분들이 있는데, 그 대표적인 사례가 바로 'IoT Device Gateway'이다.

처음 IoT 기술을 도입하는 경우, 현장에 있는 다양한 설비들에 IoT 센서만 부착하면 즉시 IoT 서비스를 이용할 수 있는 것으로 착각하는 경우가 많다. 이것은 IoT 전체 구성 요소와 연동이 어떤 구조로 이루어지는지 정확하게 알지 못해서 발생하는 문제들이다.

IoT Device Gateway란 현장의 Things들과 다양한 IoT 인프라Infra들을 연결해 주는 게이트웨이Gateway를 말하는 것으로 IoT 서비스와 시스템을 구축할 때 반드시 필요한 구성 요소들 중 하나이다.

2) IoT Device Gateway 필요성

IoT Device Gateway는 왜 필요한 것일까? 일반적으로 IoT 서비스 도입을 검토하고 있는 고객들은 다음과 같은 의문점들을 갖고 있다.

- IoT를 도입하려고 하는데, 구성 요소들이 너무 복잡하다.
- IoT 서비스를 도입하려면 어떤 Sensor를 써야 하나요?
- 우리 공장의 설비와 Platform은 자동으로 연결되나요?

이러한 질문에 대한 솔루션으로 'IoT Device Gateway'가 제시되는 경우가 많다. 즉, 'IoT Device Gateway'가 필요한 이유는 다음과 같다.

- IoT 서비스 도입을 위한 현장의 Hurdle 제거
- 고객 사업장에 대한 손쉬운 Connectivity 도구 제공
- IoT 플랫폼 기반의 Ready-made 표준안 제공

3) 'IoT Device Gateway' 사례들

많은 글로벌 기업들에서 IoT Device Gateway, IoT Gateway, Device Gateway 등의 이름으로 다양한 제품들을 출시하고 있다. IoT Device Gateway 제품들 중 몇 가지 사례를 살펴보자.

우선, 인텔Intel의 경우, Intel® IoT Gateway를 "산업 인프라 장치를 원활하게 연결하고 장치와 클라우드 간에 데이터 흐름을 보호하는 것"으로 정의하고 있다.

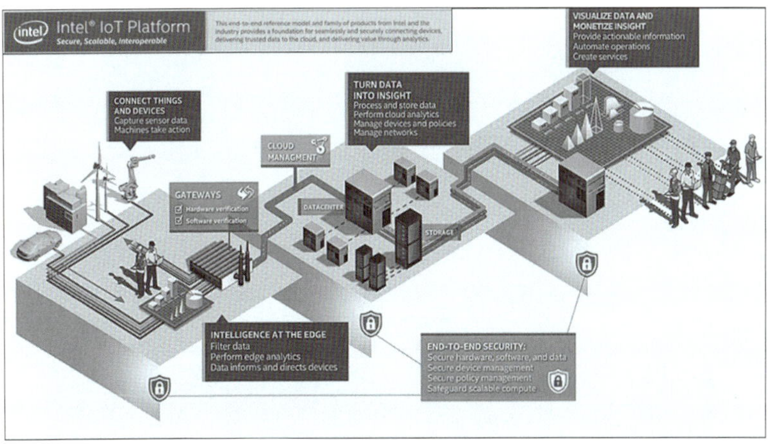

- Intel IoT Gateway: Seamlessly interconnect industrial infrastructure devices and secure

아마존Amazon의 경우, Device Gateway를 "디바이스를 위한 AWS 프론트 엔드로 표준 프로토콜, 신뢰성 있는 연결, 보안 등이 기본적으로 지원되는 것"으로 정의하고 있다.

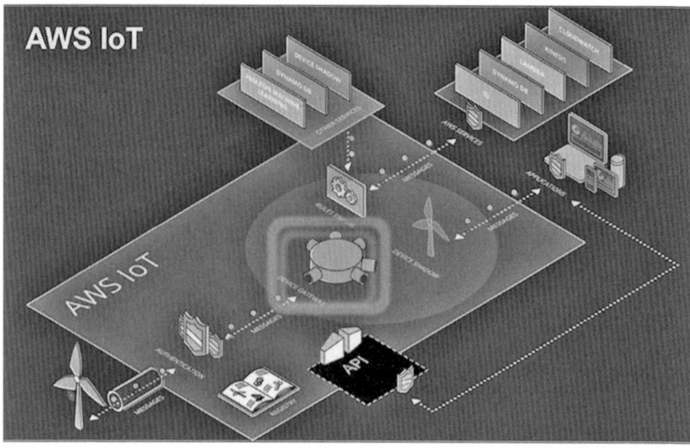

- AWS Device Gateway: AWS front-end for devices
- Standard Protocol Support, Long Lived ConnectionsReceive signals from the cloud, Secure by Default data flow between devices and the cloud.

Dell의 경우, IoT Gateway를 '기존 레가시 시스템과 최신 센서들 모두를 인터넷에 연결해 주는 것'으로 정의하고 있다.

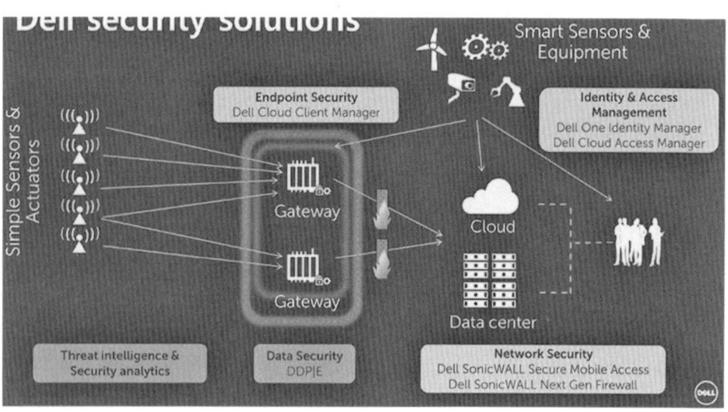

- Dell IoT Gateway: Need bridging both legacy systems and modern sensors to the internet.

4) IoT 서비스 구조와 Device Gateway

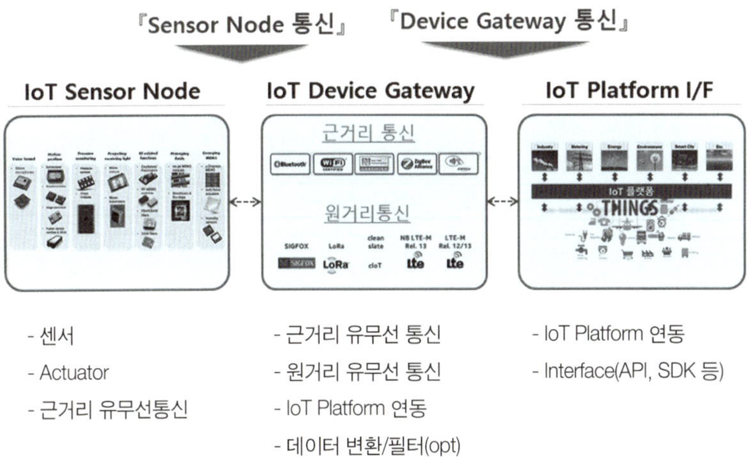

[그림 3-12] IoT 구성 요소와 Device Gateway의 관계

IoT Sensor Node와 IoT PlatformInfra를 연결해 주는 역할을 하는 것이 'IoT Device Gateway'이며, 위의 그림에서 보는 것처럼 이들 사이에는 Sensor Node 통신과 IoT Device Gateway 통신이 필요하다.

IoT Device Gateway는 기본적으로 이러한 연결을 위해 다음과 같은 기능들을 필수 혹은 옵션으로 포함하고 있어야 한다.

- 근거리 유무선 통신
- 원거리 유무선 통신
- IoT 플랫폼 연동
- 데이터 변환/필터링옵션

5) IoT Device Gateway 사용 환경

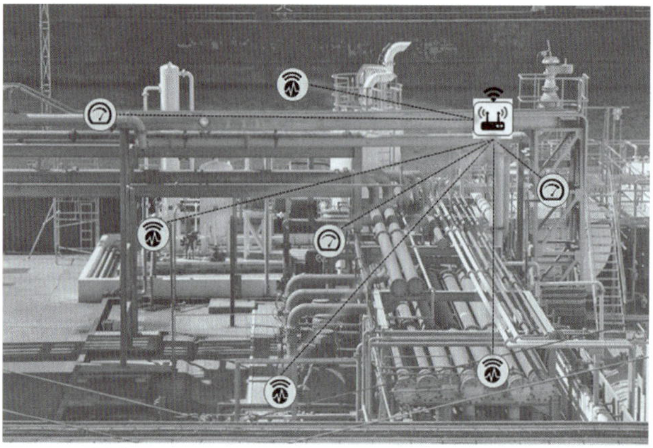

Device Gateway Sensor/Actuator

일반적인 공장의 경우를 생각해 보자. 공장은 단위 공정Process Unit→생산라인Factory Line→공장Factory Unit으로 구성된다. 하나의 단위 공정에도 수없이 많은 수의 센서가 필요하며, 공장 전체적으로는 수없이 많은 센서가 필요하게 된다.

이러한 경우 각 센서마다 원거리 통신 칩을 탑재하여 디바이스를 만든다고 가정해 보자. 이에 소요되는 디바이스 제조비용과 통신비용의 규모는 상상을 초월하는 규모가 될 수 있다. 물론 기업의 입장과 특수성으로 인하여 고비용을 감수하면서라도 이러한 환경을 구축할 수 있으나, 일반적인 공장에서는 비용을 절감할 수 있는 방안으로 설계된 IoT 서비스를 도입하고 싶을 것이다.

IoT Device Gateway를 기본 구성단위로 하여 생산라인이나 공장 단위로 IoT 서비스를 구성하는 방법이 가장 효율적인 방법인 것이다.

▪ IoT Device Gateway 사용: Factory Line or Process Unit별 설치 및 활용

▪ SensorActuator Node 변동 발생 사례

- 센서/액추에이터들의 증설과 폐기 등 수량 변경 발생
- 기존 설비의 기능 및 종류 변경
- 설비의 위치 변경 및 Node 추가, 제거 발생

6) IoT Device Gateway를 활용한 통신 방식 구성

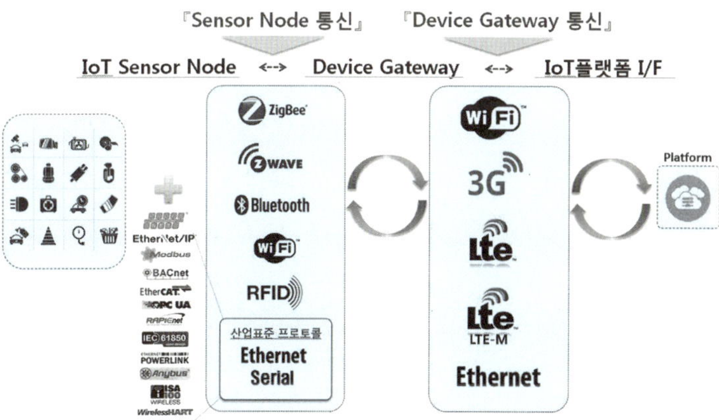

[그림 3-13] 산업 현장의 통신 환경 구성 예시

IoT Device Gateway를 활용하여 통신 방식을 구성할 경우에 사용되는 대표적인 기술들은 Sensor Node 통신, Device Gateway 통신의 형태에 따라 차이가 발생하게 된다.

특히 '스마트 팩토리' 프로젝트와 같이 산업 현장의 'Sensor Node 통신'이 중요한 경우, IoT 적용 범위에 대한 설계 및 검토 시점에 기존 산업표준 프로토콜을 사용하는 기기들을 포함시킬지 여부를 명

확히 해야 한다.

산업 현장에서도 IoT 기술이 발달하면서 사용자 인터페이스HMI, 프로그래머블 로직컨트롤러PLC, 산업용 모터, 센서, 이동체, 산업용기 등의 연결과 기능 확장을 통해 통합 M&OManagement & Operation 환경 구축을 위한 다양한 시도가 이루어지고 있다. 하지만 이러한 시도들은 다양한 이유로 항상 어려움을 겪어 왔다. 기존 산업용 프로토콜은 몇몇 주요 기업들의 기술 선점과 여러 표준이 공존하는 형태로 지속되어 왔기 때문이다. 산업 현장에서는 시리얼 통신 기반의 Modbus, CC-LInk, PROFIBUS 등과 같은 프로토콜을 거쳐 최근에는 비용이 저렴하고 관리가 비교적 쉬운 산업용 이더넷 프로토콜이 주로 사용되고 있다. EtherNet/IP, PROFINET, EtherCAT, Ethernet POWERLINK 등의 산업용 이더넷 프로토콜은 전파 간섭 해결과 물리적 연결을 통한 속도 향상, 다수 장비의 연결이 가능하다는 장점 때문에 대부분의 산업 현장에 보급되어 있다.

최근 산업용 프로토콜을 통합하기 위해 주로 오픈소스로 공개된 OPC-UA가 사용되고 있다. 과거 분산되어 있던 OPC의 세부 규격을 통합해 IEC-62541 산업자동화 상호운용성 국제 표준으로 채택되었다.

7) IoT Sensor Node & IoT Device Gateway 유형

IoT 비즈니스나 서비스를 어떻게 설계하고 개발하느냐에 따라 'IoT Sensor Node'와 'IoT Device Gateway'의 유형을 몇 가지로 구분할 수 있다. 이러한 구분은 각 유형이 포함하고 있어야 할 기능 요소에 따라 나누어지며 그 대표적인 유형들은 다음과 같다.

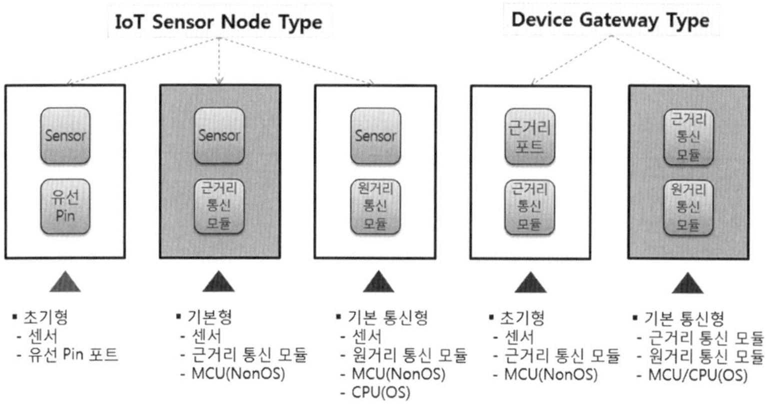

[그림 3-14] 다양한 Sensor, Gateway 유형

가장 기본적인 유형은 'IoT Sensor Node Type'들 중에서 센서, 근거리 통신 모듈, OS를 사용하지 않는 MCU를 포함하고 있는 유형이며, 'IoT Device Gateway Type'들 중에서 근거리 통신 모듈, 원거리 통신 모듈, OS를 탑재한 MCU/CPU를 포함하고 있는 유형이라 할 수 있다.

각 유형들을 참고하여 구축하고자 하는 서비스에 최적화된 IoT Device Gateway를 설계하고 전체 시스템을 구축해야 한다. 물론 위의 형태와 다른 구조가 필요할 수도 있다. 여기서는 가장 일반적인 경우의 사례를 제공하는 것이며, 가장 중요한 것은 사업이나 서비스의 특성에 최적화된 형태를 설계하여 구축 시 시행착오를 줄이는 것이다.

8) IoT Device Gateway 주요 Player 동향

현재 시장에서 IoT Device Gateway 제품을 판매하고 있는 주요 기업들과 주요 동향을 분석해 보면 다음과 같은 몇 가지 시사점을 찾을 수 있다.

첫째, End-to-End 통합 솔루션 제공하려 노력하고 있다.

- '센서-G/W-통신-플랫폼-클라우드' 형태의 통합된 형태로 제공하려고 노력하며 이는 고객의 니즈에 기인하는 경우가 많다.
- Marketplace, OEM 등 업체 간 파트너십을 통해 공동 대응하고 있다.

둘째, 기업 전문 분야를 중심으로 영역 확장을 추진한다.

- 하드웨어 전문 업체N/W, CPU, 디바이스 등 혹은 소프트웨어 전문 업체서비스, 플랫폼, 클라우드 등가 주류를 이루고 있다.
- 대부분 기업들은 기존 역량을 보유한 영역에서의 경쟁력을 확보하여, 이를 기반으로 점차 타 영역으로 확대를 추진하고 있다.

셋째, 표준화 및 생태계 확장을 추진하고 있다.

- 하드웨어나 소프트웨어 관련 사실 표준업계 표준 혹은 공식 표준공인 표준을 선점하려 하고 있다.

- 생태계 확장을 위해 많은 투자와 노력교육, Starter Kit, 포럼, 전시 등을 하고 있다.

이미 시장에는 많은 수의 IoT Device Gateway 제품들이 출시되고 있으며 다수의 회사들이 경쟁을 하고 있다. 기존 제품을 선택하거나 아니면 직접 개발하여 사용하거나, IoT 서비스에 최적화된 IoT Device Gateway 도입하는 것은 생각보다 매우 중요한 문제가 될 수 있다.

PART

04

사물인터넷(IoT) 플랫폼에 대한 이해

The Fourth Industrial Revolution & IoT

The Fourth Industrial Revolution&IoT

04 사물인터넷(IoT) 플랫폼에 대한 이해

01 IoT 플랫폼

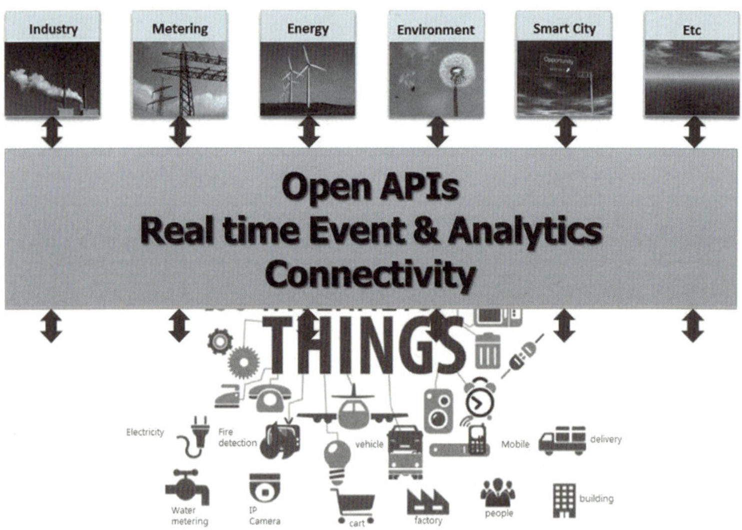

IoT 플랫폼은 IoT Service Enabler로서 IoT 서비스를 제공하기 위한 핵심 기능을 제공한다. 현재 IoT 시장에는 다양한 IoT 플랫폼 제

품들이 출시되어 경쟁하고 있으며, 각 IoT 플랫폼들은 각 기업의 경쟁력이나 타겟 비즈니스에 따라 고유의 특성들을 가지고 있다.

본 장에서는 국내 대표적인 IoT 플랫폼인 KT의 솔루션을 활용하여 IoT 서비스 개발을 경험할 수 있도록 정보를 제공하려고 한다. 대부분의 IoT 플랫폼이 기업이나 개발자들을 대상으로 하고 있어 정보 제공이나 사용성 측면에서 일반인들이 쉽게 접근하기가 어려운 것이 현실이다. 그러나 KT의 IoT 플랫폼'IoTMakers'은 포탈을 통해 개방형 IoT 플랫폼 서비스를 제공하고 있어, 일반 사용자들이 경험하고 사용하기에 편리한 환경과 많은 정보들을 제공하고 있기 때문이다.

하지만 KT의 IoT 플랫폼을 사용한다고 해서 특정 솔루션에 종속되거나 한정된 정보만 접하게 되는 것은 아니다. 세부적인 측면에서 IoT 플랫폼들 간의 차이점들은 존재하지만 대부분의 IoT 플랫폼이 갖고 있는 기본적인 구성과 아키텍처, 사용 환경과 절차 등은 유사하다. 이는 IoT 플랫폼이 IoT 서비스를 지원하기 위하여 만들어졌고, 이를 위한 공통 기반을 제공하고 있기 때문이다.

따라서 본 장에서 제공하는 IoT 플랫폼에 대한 기본적인 내용은 대부분의 IoT 플랫폼을 활용할 때에도 적용이 가능한 것이다.

IoT Service Enabler로서 IoT 플랫폼들이 가지는 기본적인 기능들은 다음과 같다.

- 다양한 Things들을 연동할 수 있는 환경 제공
- Things들로부터 데이터를 수집하고 저장

- 수집 정보를 기반으로 지능형 룰 처리 및 분석 기능 제공
- IoT 플랫폼을 활용하여 서비스 개발을 할 수 있도록 지원

IoT를 처음 접하거나 소프트웨어 분야에 경험이 없는 경우 본 장의 내용에 어려운 부분이 있을 수 있다. 우선, IoT 플랫폼을 활용하여 IoT 서비스를 만드는 절차가 어떻게 이루어지는지에 대한 기본적인 이해를 목적으로 내용을 보도록 하자. 본 장에서 제공하는 전체적인 흐름을 파악하는 것만으로도 IoT 기술과 서비스를 이해하는 데에 충분히 도움이 될 것이다.

02 개방형 사물인터넷(IoT) 플랫폼

개방형 IoT 플랫폼이란 IoT 플랫폼을 누구나 쉽게 활용할 수 있도록 사용 환경을 외부에 오픈한 것을 말한다. 즉, 학생, 일반인, 소프트웨어 개발자, 디바이스 개발자 등 대부분의 사람들이 쉽게 계정을 등록하는 것만으로도 IoT 플랫폼 환경을 경험하고, 이를 활용하여 서비스를 만들어 볼 수 있는 기능을 제공하는 것이다.

KT의 IoT 플랫폼인 'IoTMakers'는 포털http://iotmakers.kt.com을 통해 이러한 '개방형 IoT 플랫폼' 서비스를 제공하고 있다. 포털의 소개에 따르면 'IoTMakers'는 다양한 B2C, B2B, B2G 서비스를 제공하고 있으며 IoT 관련 국내, 글로벌 표준을 수용하는 IoT 플랫폼이다. 또한, 현재 다양한 비즈니스에 적용되어 구축 및 운영하고 있으며, 다수의 글로벌 프로젝트들에도 적용되고 있다고 한다.

[그림 4-1] http://iotmakers.kt.com/

사용자들은 KT의 개방형 IoT 플랫폼을 계정 신청만으로 손쉽게 사용해볼 수 있으며, 다음과 같은 기능들을 사용해볼 수 있다.

- 상용 IoT 플랫폼을 직접 경험할 수 있음
- 다양한 연동 및 개발 리소스 제공
- 일반인, 개발자/기업 등 사용자에게 동일한 환경 제공
- IoT 플랫폼을 직접 활용하여 테스트, 파일럿 가능

1) 개방형 IoT 플랫폼 포털 구성

출처: http://iotmakers.kt.com/

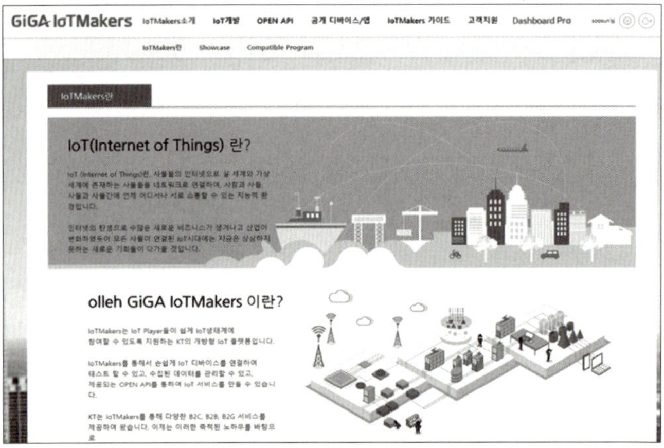

KT의 개방형 IoT 플랫폼 포털의 주요 기능들에 대해 살펴보자.

우선, 'IoTMakers 소개Overview' 메뉴에서는 KT의 IoT 플랫폼에 대한 기본 설명을 제공한다. 다음으로 'IoT 개발나의 IoT'의 경우 사용자의 디바이스를 등록하고 관리할 수 있으며, SDK 등 개발에 필요한 리소스들을 제공받을 수 있다. 그리고 'IoTMakers 가이드'에서는 IoT 개발과 관련된 다양한 정보들을 제공받을 수 있다.

출처: http://iotmakers.kt.com/

개방형 IoT 플랫폼 포털 전체 메뉴들 중 가장 중요한 부분은 ‘IoT 개발나의 IoT’ 메뉴이다.

여기서는 개방형 IoT 플랫폼에서 제공하는 대부분 기능들을 활용할 수 있고, 실제 서비스 개발을 진행할 때 사용하는 디바이스 등록 및 관리, 이벤트 등록 및 관리, 앱 관리, 대시보드 사용 등의 기능을 제공한다. ‘Open API’ 메뉴에서는 개방형 IoT 플랫폼에서 제공하는 다양한 Open API를 직접 테스트해 볼 수 있다.

출처: http://iotmakers.kt.com/

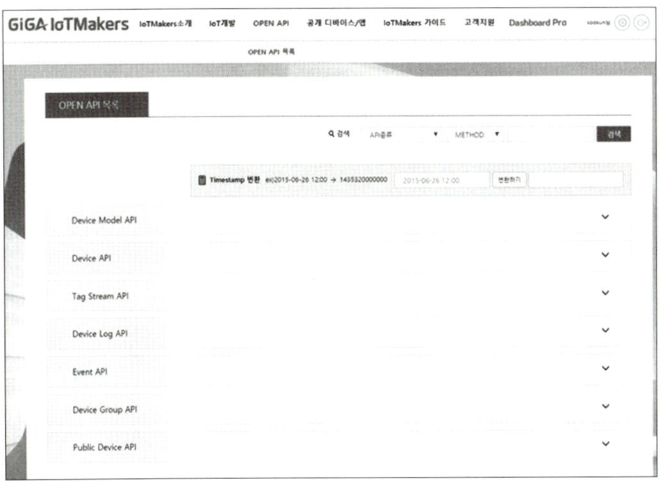

2) 개방형 IoT 플랫폼의 활용

개방형 IoT 플랫폼 포털http://iotmakers.kt.com/은 쉬운 사용 방법으로 많은 IoT 개발자, 기획자 등이 활동하고 있는 대표적인 IoT 생태계 사례로 알려져 있다. 이러한 사용자들은 개방형 IoT 플랫폼을 주로 어떤 목적으로 사용하고 있을까?

개방형 IoT 플랫폼은 DIY를 통해 가정에서 IoT 서비스를 경험해 보고 싶은 일반인, 학교에서 IoT를 공부하는 학생, 기업에서 IoT 비즈니스를 기획하고 전략을 수립하는 비즈니스맨, 전문 IoT 소프트웨어 프로그래머, IoT 하드웨어 및 센서 개발자들에게 매우 다양한 목적으로 활용되고 있다.

이러한 개방형 IoT 플랫폼의 주요 기능과 활용 사례에 대해 알아보자.

(1) 개방형 IoT 플랫폼의 주요 기능

- IoT 센서 및 디바이스의 등록
- IoT 센서 데이터 수집 · 제어 및 이벤트 사용
- IoT 서비스에 즉시 활용 가능한 대시보드 사용
- 사용자들 간의 디바이스 및 앱 공유
- 사용자 튜토리얼, 개발 가이드, 샘플 소스 등 제공
- Q&A, 게시판, 자료실 등 운영

(2) 주요 활용 사례

- 일반인들의 IoT 분야 DIY 도구
- 교육 및 연구 기관 등 교육용 IoT 플랫폼 활용
- 전문 기업들의 IoT 서비스 개발, POC, 파일럿 프로젝트 진행
- 새로운 IoT 디바이스 개발 테스트IoT 센서, 디바이스 등

개방형 IoT 플랫폼은 IoT 생태계의 기반을 제공하기 때문에 IoT 기업이나 일반 사용자들에게 매우 중요한 커뮤니티와 경험의 공간

이다. 개방형 IoT 플랫폼을 통해 일반 사용자나 S/W 개발자, 디바이스 개발자 등이 손쉽게 IoT 환경을 경험해 보고, 이를 기반으로 다양한 서비스 및 기술을 개발하여 파일럿, PoC 등을 추진하고 이를 기반으로 사업화를 추진할 수 있게 된다.

PoC: 개념 증명(Proof of concept)

실제 서비스를 상용화하기에 이전에 설계한 비즈니스와 서비스가 정상적으로 구현되었는지를 검증해 보는 것을 말한다. PoC가 완료되면 실제 사업화를 진행하게 된다.

3) IoT 플랫폼을 사용하여 서비스를 만드는 방법 개요

개방형 IoT 플랫폼을 사용하여 서비스를 만드는 방법을 간략히 정리해 보면 다음과 같다.

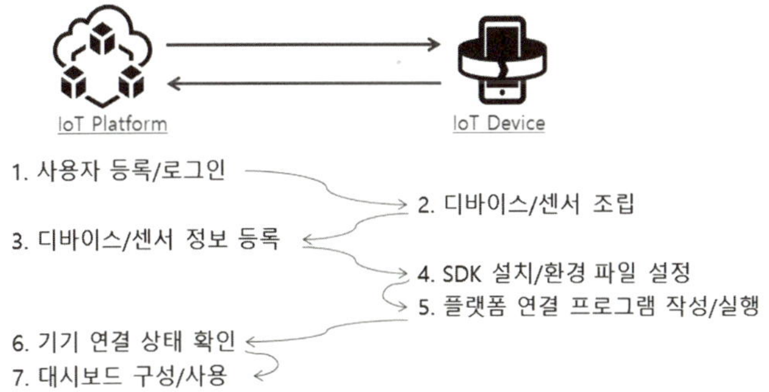

먼저, 사용자는 본인의 개방형 IoT 플랫폼 포탈에 사용자 계정을 등록하고, 자신의 디바이스를 준비해서 IoT 플랫폼과 연결할 환경을 구축한다. 다음으로 IoT 플랫폼을 통해 연결된 디바이스를 사용

한 IoT 서비스를 만들어 사용하면 된다.

이 세 가지 과정을 개방형 IoT 플랫폼 포탈http://iotmakers.kt.com/에서 제공하는 자료를 이용하여 좀 더 자세히 설명하면 다음과 같다.

우선, 디바이스 등록 과정에서는 IoT 서비스를 제공할 센서를 포함하는 디바이스를 IoT 플랫폼에 등록 및 연결하고, 해당 디바이스로부터 수집되는 IoT 데이터를 기반으로 특정 조건이 성립할 경우의 이벤트를 등록하면 된다. 그리고 대시보드를 구성하여 디바이스와 센서의 정보들을 손쉽게 확인할 수 있다.

두 번째로 IoT 플랫폼과 연결된 디바이스와 센서 정보를 바탕으로 IoT 플랫폼에서 제공하는 Open API, SDK 등을 다운받고 이를 사용하여 앱을 개발하게 된다. 개발된 앱은 개방형 IoT 플랫폼 포털에 등록할 수 있다.

마지막으로 특정 사용자가 연결해 놓은 디바이스나 개발하여 등록해 놓은 앱을 다른 사용자나 기업 등과 상호 공유해 볼 수 있도록 공유할 수 있다.

이러한 과정에서 가장 비번하게 사용하는 것이 SDKSoftware Development Kit이다. 현재 KT의 개방형 IoT 플랫폼 포털을 통해 제공되는 SDK는 프로그램 개발 언어와 프로토콜별로 다양하게 제공되고 있으며, 안드로이드 및 iOS용 SDK, Open Source Hardware인 아두이노ARDUINO용 SDK도 제공되고 있다.

03 IoT 대시보드(Dashboard)

1) 대시보드(Dashboard) 개요

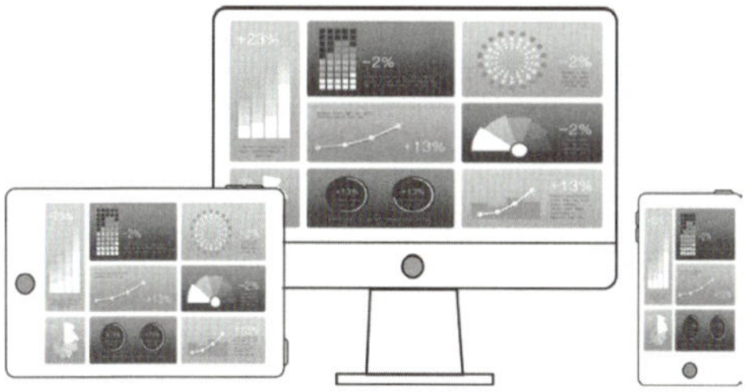

IoT 서비스 사용자들에게 가장 친숙한 기능이 대시보드Dashboard 기능이다. 사용자들은 대시보드를 활용하여 집안의 정보를 스마트폰으로 모니터링하고 가전제품을 On/Off 시키기도 한다.

대시보드는 사용자들이 디바이스만 IoT 플랫폼에 연결해 놓으면, 추가적인 노력 없이 즉시 IoT 서비스를 사용해 볼 수 있게 해주는 유용한 도구이다. 사용자들은 디바이스만 준비하면 IoT 서비스에 필요한 디바이스 상태, 실시간 센서 정보, 이벤트 발생 현황 등을 모니터링 및 제어까지의 모든 기능을 제공받을 수 있게 된다.

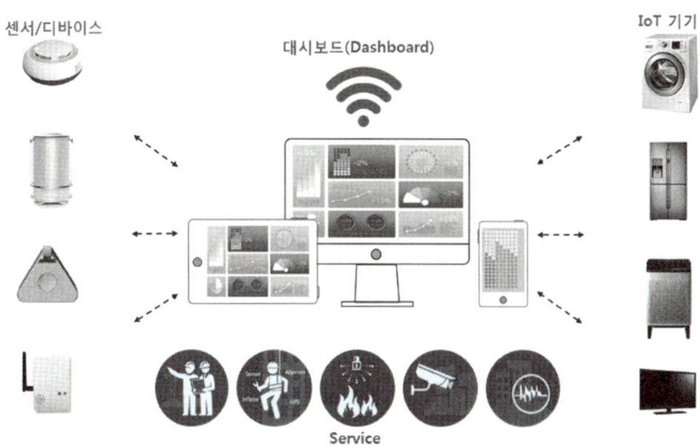

대시보드는 IoT 서비스의 전체 구조, 즉 'Sensor - Device Gateway - Network - IoT Platform - App/Web'에서 'App/Web' 부분의 서비스에 사용할 수 있는 대표적인 도구로써 이해할 수 있으며, 심플하고 즉시 사용 가능하다는 측면에서 활용도가 높다.

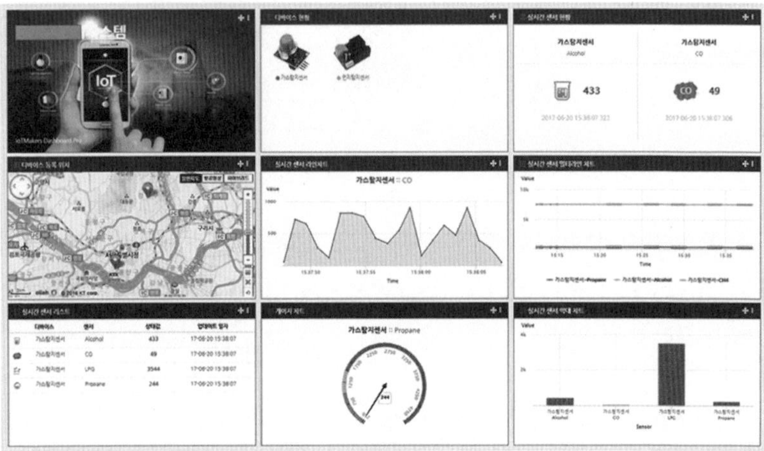

[그림 4-2] 대시보드 구성 예시

2) 대시보드(Dashboard)의 특징

사용자에게 IoT 서비스를 쉽게 구성 및 사용할 수 있도록 하는 대시보드는 다음과 같은 특징을 갖고 있다.

- 모든 디바이스에 최적화된 반응형 Web: 스마트폰, 타블렛, PC 어느 디바이스에서나 사용
- 실시간 모니터링 및 제어: IoT 디바이스 연결 즉시 실시간 서비스 제공 가능
- 안정적인 클라우드 서비스 기반: 클라우드 기반으로 안정적인

서비스와 운영관리 비용 절감 가능

- Map 기반 관제 기능: 위치 기반의 다양한 서비스 제공 가능

3) 대시보드(Dashboard)의 주요 기능

대시보드는 다양한 위젯을 제공하며, 사용자의 목적에 따라 테마별로 차별화된 형태의 대시보드 구성이 가능하다. 또한, 사용하기 쉬운 환경 설정 기능을 제공하며, 사용자의 특성을 반영할 수 있는 커스터마이즈 기능도 제공한다.

- 다양한 위젯 제공: 사용자가 필요로 하는 기능과 용도별 위젯들을 제공
- 멀티 대시보드 구성: IoT 서비스로 사용 가능한 다수의 대시보드 화면 구성 가능
- 쉬운 환경 설정 기능: 대시보드 및 위젯 화면의 크기, 표시 항목 선택, 색상 등 환경 설정 기능 제공
- 커스터마이즈 기능: 사용자별 서비스 화면을 구성할 수 있도록 다양한 커스터마이즈 기능 제공

04 IoT 플랫폼을 사용하는 방법

1) IoT 플랫폼 사용 환경 구성

노트북 또는 PC	안드로이드 스마트폰	라즈베리파이 키트	아두이노 키트
실습 수행을 위한 개발용	스마트폰 활용 예제 구현	디바이스 활용 예제 구현	디바이스 활용 예제 구현
• Windows OS • USB 단자 필요	• 안드로이드 4.0 이상 • USB 데이타 케이블 • 드라이버 필요	• Raspberry Pi 2/3 • 모니터, 무선랜 메모리, 어댑터 등 • 실습용 센서	• Arduino UNO Starter Kit • WIFI 보드 • 실습용 센서

IoT 플랫폼을 기반으로 IoT 서비스를 만들어 보기 위해서는 사용자의 디바이스가 준비되어 있어야 한다. 다양한 형태의 디바이스가 있으나 데스크톱 PC, 오픈소스 하드웨어Open-source hardware, 스마트폰을 이용하는 세 가지 방법이 가장 일반적이다.

우선, PC를 이용해 사용자는 개방형 IoT 포탈에 접속하여 디바이스를 등록하고 모니터링할 수 있다.

그리고 오픈소스 하드웨어 중 가장 많이 사용되는 라즈베리 파이RaspberryPi는 리눅스 기반의 OS를 탑재하여 일반 컴퓨터와 유사한 환경을 제공하기 때문에 IoT 환경 테스트에 자주 사용된다.

또한, 저렴하면서도 쉬운 디바이스인 아두이노Arduino는 OS가 없는 저용량의 CPU 파워를 갖는 오픈소스 하드웨어로 사용자층이 두터운 편이다. 마지막으로 스마트폰은 IoT 서비스에서 가장 많이 사용되는 디바이스로 다양한 앱을 테스트해 볼 수 있다.

2) IoT 서비스와 관련된 용어 정리

IoT 플랫폼을 사용해 IoT 서비스를 만들어 보기 위해서는 사전에 알아야 할 몇 가지 용어가 있다.

우선 하드웨어의 단위들을 구분하는 용어부터 정리해 보자.

- 칩Chip: 반도체 소자와 같은 레벨의 기본 단위
- 모듈Module: VGA, 사운드 카드 등과 같은 부품의 집합
- 디바이스Device: 모니터, 스마트폰과 같은 하드웨어의 단위

퀄컴의 LTE Chip

화웨이의 LTE 통신 Module

삼성의 스마트폰 Device

다음으로 IoT 플랫폼에서 주로 사용되는 용어들을 살펴보자.

- '태그 스트림Tag Stream'이란 '디바이스를 통해 수집된 특정한 측정 유형온도, 습도 등의 데이터 타입으로 구성된 데이터 집합'을 말한다. 간략하게 정리하면 '센서로부터 수집되는 센싱 데이터들'이라고 이해하면 된다.
- '이벤트Event'란 '디바이스의 태그 스트림에서 올라오는 값 중 사용자가 설정한 특정 조건에 부합할 때 발생하는 사건'을 말한다. 일례로 온도 센서의 온도값이 평상시 -15도~+35도까지의

값을 가진다고 하자. 하지만 해당 공간에 화재가 발생하면 온도가 +100도 이상으로 올라가게 될 것이다. 이처럼 사용자가 온도센서로부터 수집되는 정보가 어느 특정 조건+100도에 부합될 때 발생하는 것을 이벤트라고 하는 것이다.

3) IoT 플랫폼을 사용하는 절차

IoT 플랫폼을 사용하여 서비스를 만들어 보기 위한 세부 절차를 알아보도록 하자.

출처: http://iotmakers.kt.com/

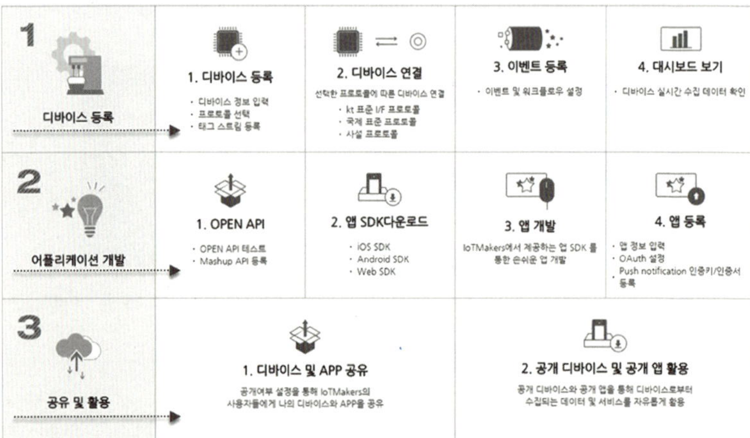

그림에서 보는 것처럼 IoT 플랫폼을 사용하는 방법은 전체적으로는 크게 세 가지 절차로 구성되어 있다.

(1) 계정 및 미디바이스 등록 단계

① 계정 등록: 개방형 IoT 플랫폼 포탈에 사용자의 계정을 등록한다.

② 디바이스 등록: 개방형 IoT 플랫폼에 사용자의 디바이스 정보를 등록한다.

③ 센서 정보 등록: 등록된 디바이스에 연결되어 있는 센서/액추에이터 정보를 등록한다.

④ 디바이스 및 인터페이스 준비: 사용할 디바이스 및 IoT 플랫폼 연동 인터페이스를 준비한다.

⑤ 이벤트 등록: 수집된 센서 정보를 기반으로 이벤트를 등록하고 워크플로우Workflow를 구성한다.

⑥ 서비스 사용: 기본 대시보드를 이용하여 자신의 디바이스와 센서 정보를 확인하고 사용한다.

(2) IoT 플랫폼과 연결을 위한 어플리케이션 개발 단계

⑦ IoT 플랫폼에서 제공하는 Open API, SDK를 사용하여 서비스를 개발한다.

(3) 공유 및 활용 단계

⑧ 등록한 자신의 디바이스와 앱을 공유한다.

⑨ 다른 사용자들의 공개 디바이스와 공개 앱을 활용한다.

4) IoT 서비스에서 IoT 디바이스를 사용하기 위해 필요한 것들

당연한 이야기이지만 IoT 서비스를 구현하기 위해서는 우선 IoT 디바이스가 있어야 한다. 다양한 센서를 장착하고 있는 IoT 디바이스를 준비하고 이를 IoT 플랫폼과 연결시킨 후 스마트폰용 앱이나

PC의 어플리케이션을 통해 서비스를 사용하는 것이 전형적인 IoT 서비스의 구조인 것이다. 이러한 IoT 서비스의 전체 구조를 정리해 보면 다음과 같다.

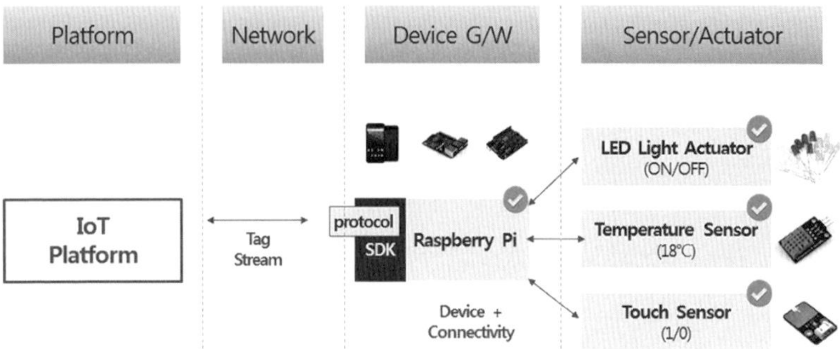

[그림 4-3] App/Web - IoT Platform - Network - Device - Sensor

위 그림은 IoT 서비스의 기본 구조에 대해 라즈베리파이Raspberry-Pi를 활용하는 간단한 형태의 사례로 정리해 본 것이다.

우선 앞 장에서 설명했던 '태그 스트림'은 '디바이스의 센서를 통해 수집된 데이터 타입으로 구성된 집합', 즉 '센서로부터 수집되는 센싱 데이터들'이라고 했다.

다음으로 IoT에서 가장 많이 사용되는 디바이스Device와 디바이스 게이트웨이Device Gateway에 대한 설명이 필요하다. 단순히 디바이스라고 할 때는 '하드웨어의 단위'라고 할 수 있지만, 연결성을 위한 준비가 되어 있지 않으면 IoT 서비스에서는 사용할 방법이 없다. 즉, '디바이스Device + 연결성Connectivity의 구조를 가져야만 서비스가 가능하며, 이를 디바이스 게이트웨이Device Gateway라고 한다. 그림에서 보는 것처럼 기본 라즈베리파이 본체에 SDK를 설치하여 연결성을 부여하게 되면, 디바이스 게이트웨이가 되는 것이다.

마지막으로 센서Sensor 및 액추에이터Actuator를 살펴보자.

센서란 '반응하는 물리적 특성의 탐지 또는 측정을 위한 신호를 제공하는 장치'를 말한다. 온도 센서, 조도 센서, 미세먼지 센서 등 우리 주의에서 다양한 상태들을 측정하는 센서들을 흔히 볼 수 있다.

액추에이터란 '전기적인 신호를 물리적인 운동으로 바꿔 주는 기기'를 말한다, 센서와 같이 IoT 최종 단계에 위치하며 디지털, 전기적인 신호에 반응하는 모든 장치를 통칭한다. 예를 들면 스마트폰 앱의 신호를 받아 움직이는 현관문이나 주차장의 차단기, 조명 등이 액추에이터에 해당한다.

다음 장에서 사용하게 될 센서 및 액추에이터는 LED 조명, 온습도 센서, 터치 센서 등 총 세 가지로 구성되어 있다.

(1) LED 조명(LED Light Actuator)

LED 조명이 갖고 있는 물리적 특성은 조명이 켜지거나ON, 꺼지는OFF 것이다. 사용자 입장에서 보면, 'ON, OFF'라는 문자값명령을 통해 제어할 수 있는 '제어Control'의 대상인 것이다.

- 센서/액추에이터 유형Tag Stream Type: '제어Control'
- 값의 유형Value Type: 문자 형태 'ON', 'OFF' 값
- 값의 단위Value Unit: 없음

(2) 온습도 센서(Temperature Sensor)

온습도 센서가 갖고 있는 물리적 특성은 현재 온도 값숫자을 측정하는 것이다. 사용자 입장에서 보면, 18℃와 같은 온습도 값을 지속적으로 수집할 수 있는 대상인 것이다.

- 센서/액추에이터 유형Tag Stream Type: '수집Collection'
- 값의 유형Value Type: 숫자 형태 '온도' 값 18°C 등
- 값의 단위Value Unit: ℃ 온도

(3) 터치 센서(Touch Sensor)

터치 센서가 갖고 있는 물리적 특성은 현재 터치 상태 여부를 측정하는 것이다. 사용자 입장에서 보면, 터치 상태1와 터치가 아닌 상태0의 값을 지속적으로 수집할 수 있는 대상인 것이다.

- 센서/액추에이터 유형Tag Stream Type: '수집Collection'
- 값의 유형Value Type: 숫자 형태, 터치 TRUE 상태1와 터치 FALUSE 상태0
- 값의 단위Value Unit: 없음

5-1) 개방형 IoT 플랫폼 포털에 계정 등록

출처: http://iotmakers.kt.com/

개방형 IoT 플랫폼을 사용하는 첫 번째 과정은 사용자 계정을 등록하는 과정이다. 계정을 등록하면 즉시 디바이스를 사용하여 다양한 서비스를 제공받을 수 있다.

개방형 IoT 플랫폼 포털 메인 화면의 우측 상단에 회원 가입 메뉴를 선택하면 다음과 같은 화면이 나타난다.

"iotmakers.kt.com" 포털 접속은 Chrome 브라우저에 최적화되어 있다.

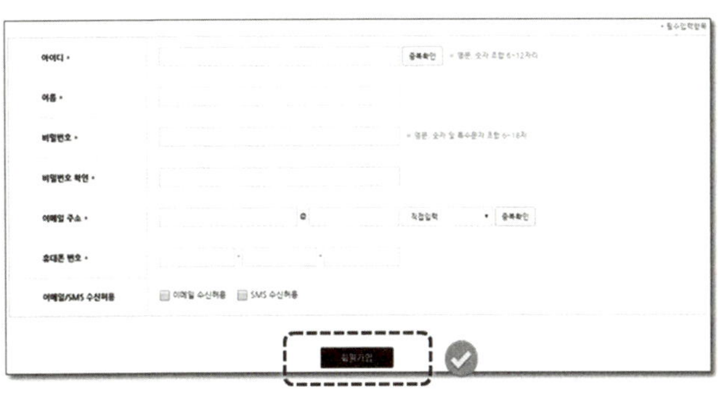

회원 가입을 위한 약관 동의를 체크한 이후, '아이디, 이름, 비밀번호, 이메일 주소, 휴대전화 번호' 등을 입력하고 '회원 가입' 버튼을 선택하면 가입 과정이 완료된다.

5-2) 개방형 IoT 플랫폼에 사용자의 디바이스 정보 등록

개방형 IoT 플랫폼 포털에 로그인된 상태에서, 'IoT 개발나의 IoT' - '나의 디바이스디바이스 관리' 메뉴를 선택하면 위와 같은 화면을 볼 수 있을 것이다. 화면에서 [디바이스 등록] 버튼을 클릭하면 다음과 같이 사용자의 디바이스를 등록하는 화면이 나타난다.

사용자의 디바이스에 대한 '디바이스 명, 디바이스 아이디, 디바이스 패스워드, 프로토콜 구분, 프로토콜 유형' 등 기본정보만 입력하면 등록이 완료된다.

5-3) 등록된 디바이스에 연결되어 있는 센서/액추에이터 정보 등록

다음으로 등록된 디바이스에 연결되어 있는 센서/액추에이터 정보를 등록하는 단계이다.

이전 페이지에서 등록한 디바이스 목록 중에서 사용할 디바이스를 클릭하면 상세 정보 화면이 나타난다.

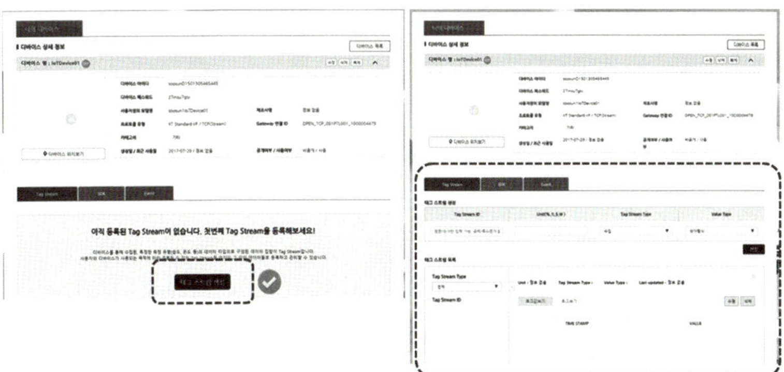

디바이스 상세 화면에서 하단 중앙에 센서/액추에이터 정보를 등록할 수 있는 [태그 스트림 생성] 버튼이 나타나고, 이 버튼을 선택하면 센서/액추에이터 정보를 등록하는 화면이 나타나게 된다. 앞에서 설명한 LED 조명, 온습도 센서, 터치 센서 등 세 개의 센서/액추에이터 정보를 입력해 보자.

우선, LED 조명LED Light Actuator 정보를 등록해 보자.

'태그 스트림 생성' 메뉴 아래에 네 개의 입력창이 있으며 각 항목에 다음과 같이 입력하고 [생성] 버튼을 클릭하면 입력이 완료된다.

- Tag Stream ID: 센서/액추에이터의 명칭아이디 'LED' 입력
- Unit: 태그 스트림의 단위를 입력 %, °C, W 등 없음
- Tag Stream Type: 태그 스트림의 타입 수집/제어 '제어' 선택
- Value Type: 태그 스트림에 올라오는 값들의 타입을 선택 숫자 형식/문자열 '문자열' 선택

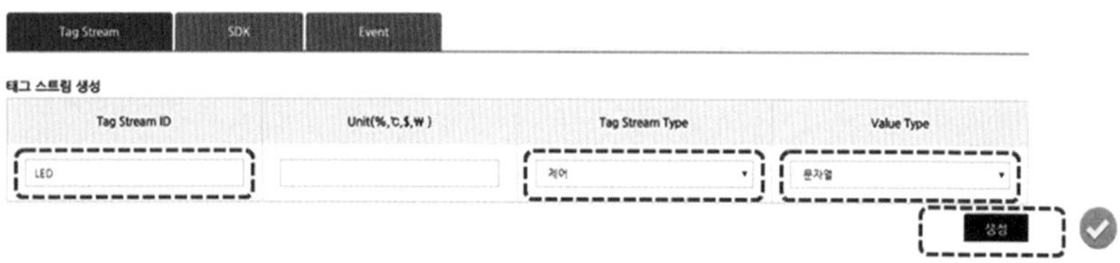

다음은 온습도 센서의 정보를 등록해 보자. '태그 스트림 생성' 메뉴 아래에 네 개의 입력창이 있으며 각 항목의 값을 다음과 같이 입력하고 [생성] 버튼을 클릭하면 완료된다.

- Tag Stream ID: 센서/액추에이터의 명칭아이디 'Temp' 입력
- Unit: 태그 스트림의 단위를 입력 %, °C, W 등 '℃' 입력
- Tag Stream Type : 태그 스트림의 타입 수집/제어 '수집' 선택
- Value Type: 태그 스트림에 올라오는 값들의 타입을 선택숫자 형식/문자열 '숫자 형식' 선택

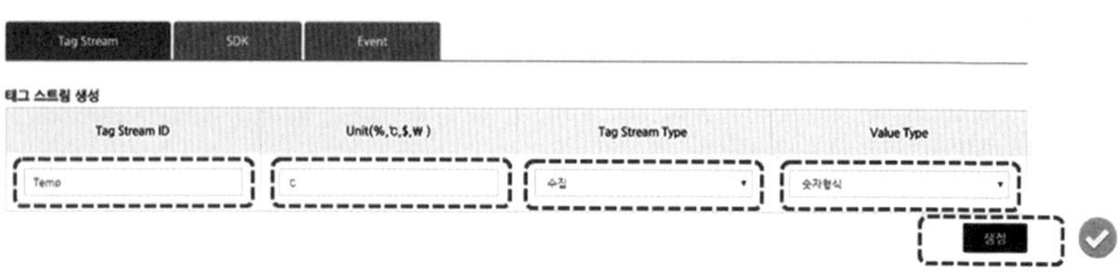

다음은 터치 센서Touch Sensor의 정보를 등록해 보자. '태그 스트림 생성' 메뉴 아래에 네 개의 입력창이 있으며 각 항목의 값을 다음과 같이 입력하고 [생성] 버튼을 클릭하면 완료된다.

- Tag Stream ID: 센서/액추에이터의 명칭아이디 'Touch' 입력
- Unit: 태그 스트림의 단위를 입력%, ℃, W 등 없음
- Tag Stream Type: 태그 스트림의 타입수집/제어 '수집' 선택
- Value Type: 태그 스트림에 올라오는 값들의 타입을 선택숫자형식/문자열 '숫자 형식' 선택

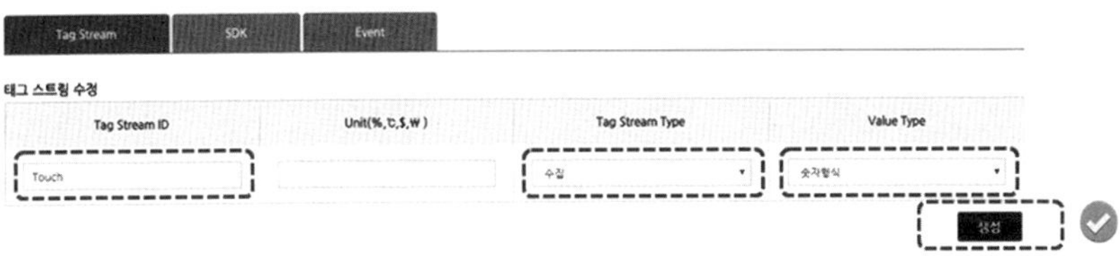

이제 지금까지 입력한 세 개의 센서/액추에이터 이름Tag Stream ID을 화면에서 리스트로 확인해 볼 수 있을 것이다

개방형 IoT 플랫폼에 사용자의 디바이스와 디바이스에 연결된 센서/액추에이터Tag Stream 정보를 등록하는 과정은 모두 끝났다. 이후 이 정보를 기반으로 사용자가 갖고 있는 실제 물리적인 디바이스를 연결해 주면 IoT 플랫폼에서 제공하는 다양한 기능들을 사용할 수 있게 된다.

5-4) 이벤트 등록: 수집된 센서 정보를 기반으로 이벤트를 등록하고 워크플로우(Workflow) 구성

IoT 플랫폼 사용을 위한 네 번째 단계는 수집된 정보를 기반으로 사용자가 원하는 기능이나 서비스를 제공할 수 있게 해주는 이벤트를 만들고 사용하는 것이다. IoT 플랫폼에 수집되는 온도 데이터를 기반으로 이상 온도 범위100도 이상를 이벤트로 설정하면, 온도가 100도를 넘으면 이벤트를 발생시켜 사용자가 지정한 이벤트를 실행시키게 되는 것이다. 즉, 이벤트는 디바이스에서 수집되는 데이터에 특정 조건을 정의하여 사용하는 것이다.

이벤트를 등록하려면, '이벤트 관리' 메뉴를 선택하자. [이벤트 등록] 버튼을 클릭하면 이벤트를 등록하는 아래와 같은 화면이 나타나게 된다.

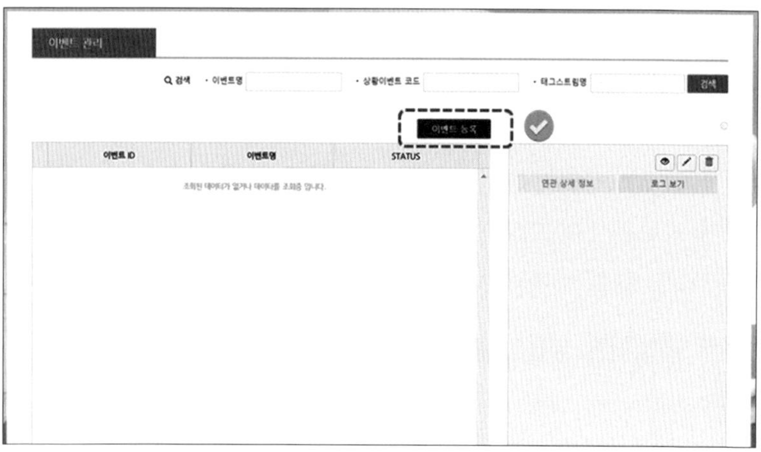

5-5) 대시보드 구성 및 사용: 자신의 디바이스와 센서 정보를 사용해 보자

이벤트 등록의 다음 단계는 대시보드를 사용하여 IoT 플랫폼에 수집된 정보, 이벤트 정보 등을 확인하고 사용하는 것이다. 대시보드는 사용자가 등록한 디바이스로부터 수집되는 실시간 데이터를 모니터링할 수 있는 위젯 모음이다. 사용자는 대시보드를 통해 자신의 디바이스와 센서 정보, 이벤트 현황 등을 모니터링하거나 제어할 수 있다.

대시보드를 사용하면 사용자의 목적에 다라 다음과 같은 다양한 화면 구성이 가능하다.

PART

05

사물인터넷(IoT) 플랫폼을 사용해 보기

The Fourth Industrial Revolution & IoT

05

The Fourth Industrial Revolution&IoT

사물인터넷(IoT) 플랫폼을 사용해 보기

01 IoT 플랫폼 사용 방법 개요

본 장에서는 IoT 플랫폼을 사용하여 IoT 서비스를 만들어 볼 수 있는 방법을 소개하고자 한다.

일반적으로 IoT 서비스나 기술을 개발할 때 가장 많이 사용하는 대표적인 디바이스로 다음과 같이 세 종류가 있다.

라즈베리파이(RaspberryPi)

아두이노(Arduino)

스마트폰(Smartphone)

라즈베리파이, 아두이노, 스마트폰은 손쉽게 개발 및 테스트를 할 수 있으며, 많은 사용자를 확보하고 있다는 장점이 있기 때문에 개발자 또는 IoT에 관심이 있는 일반인 모두에게 필수적인 디바이스로 인식되고 있다. 최근에는 일반인들이 DIY를 통해 가정용 IoT 서비스를 만들어 사용하는 사례도 인터넷 동호회나 학교 등을 중심으로 다양하게 소개되고 있다.

(1) 라즈베리파이(RaspberryPi)

라즈베리파이는 CPU, USB 포트, WiFi 기능, 블루투스, HDMI 포트 등 일반 PC 환경을 거의 유사하게 축소시켜 놓은 환경을 제공하고 있다. 리눅스 기반의 OS를 제공하는 것도 큰 장점이다. 특히 최근 IoT 디바이스가 점점 더 지능화되고 다양한 인터페이스를 제공해야 하는 환경이 확대되면서 IoT 서비스를 개발하기에 최적화된 오픈소스 하드웨어로 주목받고 있다.

(2) 아두이노(Arduino)

아두이노는 Non-OS 환경의 ATmel MCU를 제공하는 오픈소스 하드웨어 보드로 저렴한 가격과 사용하기 쉬운 환경으로 인하여 많이 사용되고 있다. 특히 쉬운 스케치Sketch 기반의 개발 도구와 언어를 통합 환경으로 제공하고 있어 개발자들을 포함하여 일반인들도 애용하고 있다.

(3) 스마트폰(Smartphone)

가장 많은 사용자를 확보하고 있으며, 최신 기술들이 집약되어 있는 스마트폰은 IoT 분야에서도 핵심적인 디바이스 중 하나이다. 사용자들에게는 IoT 서비스를 완벽하게 제공받을 수 있는 환경을 제공하고, 개발자에게도 안드로이드와 iOS 기반의 플랫폼 생태계 환경을 제공하는 중요한 디바이스이다.

본 장에서는 라즈베리파이와 아두이노를 이용하여 IoT 플랫폼과 연동하는 기본적인 방법에 대해 알아보고자 한다.

02 IoT 플랫폼 사용 방법에 대한 추가 정보

IoT 플랫폼을 활용하여 IoT 서비스를 만드는 방법에 대한 구체적인 설명과 소스 코드 등을 필요로 하는 독자들을 위해 KT의 개방형 IoT 플랫폼 포털http://iotmakers.kt.com/에 자세한 '튜토리얼'을 제공하고자 한다. '튜토리얼' 메뉴 화면을 통해 다음과 같은 세 가지 정보를 제공받을 수 있다.

- 라즈베리파이Raspberry Pi를 이용한 IoT 플랫폼 사용 방법

→ "라즈베리파이를 활용한 IoT 플랫폼 사용 방법 실습" 튜토리얼

- 아두이노Arduino를 이용한 IoT 플랫폼 사용 방법

→ "아두이노를 활용한 IoT 플랫폼 사용 방법 실습" 튜토리얼

- 스마트폰을 활용한 IoT 플랫폼 사용 방법 실습

→ "스마트폰을 활용한 IoT 플랫폼 사용 방법 실습" 튜토리얼

개방형 IoT 포탈에 대한 문의(Q&A)

iotmakers@kt.com

03 라즈베리파이(Raspberry Pi)를 이용한 IoT 플랫폼 사용 방법

1) 라즈베리파이(Raspberry Pi) 소개

오픈소스 하드웨어Open Source Hardware의 대표 사례로 많은 사용자층을 확보하고 있는 라즈베리파이RaspberryPi는 IoT 서비스 개발 시 센서 기반의 디바이스를 가장 편리하게 테스트해 볼 수 있는 개발 보드로 다른 오픈소스 하드웨어와의 차이점은 리눅스 기반으로 PC 환경을 그대로 활용할 수 있다는 점이다.

많은 IoT 서비스 및 디바이스 개발 기업들에서 라즈베리파이RaspberryPi를 활용하여 개발을 진행하고 있으며, 2016년 말 전 세계적으로 1,000만 개 이상의 라즈베리파이RaspberryPi가 판매된 것으로 집계되고 있다. 이러한 대중적인 인기로 인하여, 기업뿐 아니라 최근 초중고 학생, 일반인 대상의 다양한 강좌와 동호회 활동들이 활발하게 이루어지고 있다.

라즈베리파이RaspberryPi 재단에서 운영하는 공식 홈페이지인 'www.raspberrypi.org'는 라즈베리파이RaspberryPi와 관련된 다양한 활동을 펼치고 있다. 제품 개발, 포럼 운영, 각종 프로젝트 진행, 사용 가이드 등 라즈베리파이RaspberryPi를 사용하는데 필요한 대부분 정보를 홈페이지를 통해 제공하고 있다.

출처: https://www.raspberrypi.org/

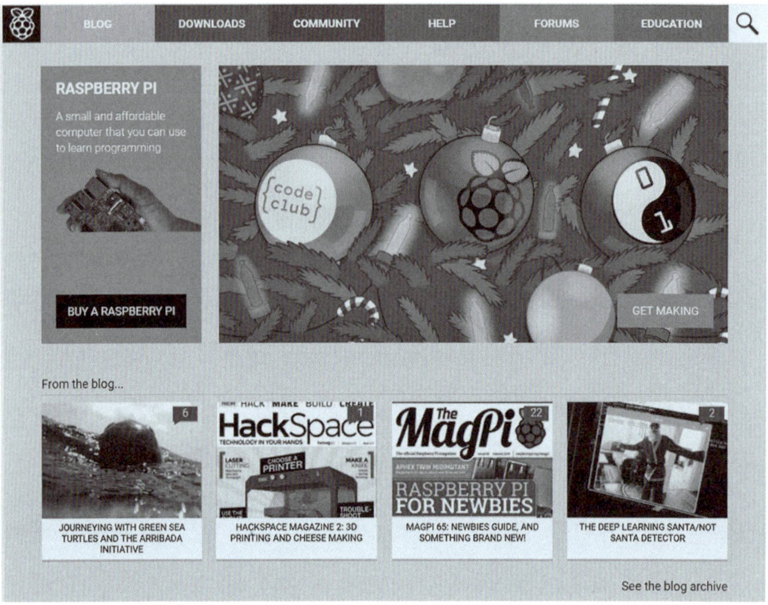

2) IoT 플랫폼 Java-SDK

KT의 IoT 플랫폼인 'IoTMakers'의 Java SDKSoftware Development Kit는 IoT 디바이스가 IoTMakers 플랫폼에 연동할 때에 필요한 Java 언어 기반의 APIApplication Programming Interface를 제공한다. IoT 디바이스는 제공되는 Java API를 통하여 접속 및 장비 인증, 수집 데이터를 전송하고, 플랫폼으로부터 제어 데이터를 수신할 수 있다.

Java SDK는 'SDK 다운로드' 메뉴에서 다운로드할 수 있다.

- 매뉴얼: JAVA_SDK_manual_TCP.pdf
- SDK: SDK_JAVA_tcp.zip

여기서는 Java-SDK TCP 프로토콜 버전을 사용하여 진행할 것이다.

출처: http://iotmakers.kt.com/

3) Java-SDK(TCP): IoT 플랫폼 연결을 위한 환경 파일

IoT 플랫폼을 연동하기 위해서는 서버 접속 정보, 사용자 인증 정보 등을 저장하는 환경파일을 설정해야 한다.

(1) 환경 설정 파일(IoTSDK.properties)

- 환경 설정 파일 내용: IoTMakers 플랫폼 및 본인의 디바이스 정보 등록
- 파일 위치: /SDK_JAVA/Test/IoTSDK.properties

환경 설정 파일IoTSDK.properties 정보를 사용자 정보로 수정해 보자. 이 정보는 사용자마다 다르므로 정확한 내용을 입력해야 한다.

IoT 플랫폼 서버 주소 정보(기본 정보 사용)

- sdk.serverIp=220.90.216.90

IoT 플랫폼 서버의 포트 정보(기본 정보 사용)

- sdk.serverPort=10020

IoT 플랫폼에 연결할 등록된 디바이스 아이디

(사용자의 다바이스 아이디로 수정)

- sdk.deviceId=soosunD1459328677357(예시)

IoT 플랫폼에 연결할 등록된 디바이스 패스워드

(사용자의 다바이스 아이디로 수정)

- sdk.password=7nk5cxnt8(예시)

IoT 플랫폼 서버의 게이트웨이 정보(사용자의 게이트웨이 정보로 수정)

- sdk.externalSysId=OPEN_TCP_001PTL001_1000001149 (예시)

환경 설정 파일IoTSDK.properties 정보는 사용자가 등록한 디바이스 상세 정보 화면에 나와 있다. 오류를 줄이기 위해 화면의 정보들을 복사하여 사용하는 것을 권장한다.

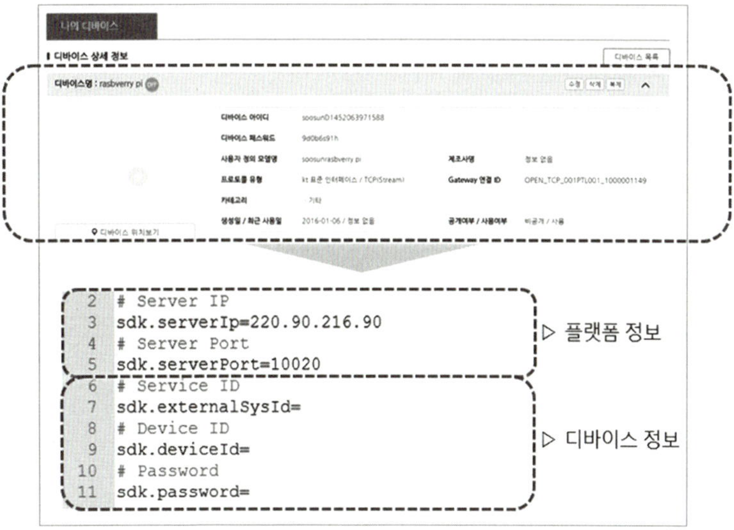

4) IoT 플랫폼 연결 프로그램 작성 및 확인

라즈베리파이RaspberryPi에서 IoT 플랫폼인 IoTMakers와 연결하는 프로그램을 작성해 보자.

이 프로그램은 IoTMakers와 연동하면서 디바이스의 센서 정보를 주기적으로 진송하고, 제어 데이터를 수신하여 디바이스의 LED 조명을 제어하는 역할을 하게 된다.

소스 코드는 Java-SDK에 기본으로 포함되어 있는 샘플 소스인 'Sample.java'를 수정하여 사용한다.

- 샘플 소스 파일: /SDK_JAVA/Sample.java
- 작업 소스 파일: /SDK_JAVA/Test/raspberry.java

다음 그림은 소스 파일의 일부이다. 본 서의 소스 파일들은 포털 페이지에서 내려받을 수 있다.

```java
public class raspberry extends IMCallback
{
    private GpioController gpio = null;
    private GpioPinDigitalOutput pin = null;

    public raspberry()
    {
        // get a handle to the GPIO controller...
        gpio = GpioFactory.getInstance();

        // creating the pin with parameter PinState.HIGH...
        // will instantly power up the pin...
        pin = gpio.provisionDigitalOutputPin(RaspiPin.GPIO_05, "PinLED", PinState.HIGH);
    }

    public static void main(String[] args) throws Exception
    {
        // callback fuction call...
        raspberry callback = new raspberry();
        IMTcpConnector tcpConnector = new IMTcpConnector();
        BaseInfo baseInfo = null;

        Long transID;
        Long timeOut = (long)3000;
```

작업한 소스 파일 'raspberry.java'를 컴파일하기 위해 Java-SDK에 포함되어 있는 'Makefile'을 수정하여 사용한다. GPIO를 위한 라이브러리를 추가로 사용했기 때문에 기존 'Makefile'에 GPIO 라이브러리pi4j 사용 정보 플래그만 추가한다.:./pi4j-core.jar

그리고 컴파일 소스 파일 이름을 'Sample.java'에서 'raspberry.java'으로 변경해 주고, 실행 파일 이름도 동일하게 'raspberry'로 수정하면 완료된다.

Makefile을 수정한 후 소스 코드 raspberry.jave를 다음과 같이 컴파일한다.

```
$ make clean
$ make
$ sudo make run
```

'raspberry.java'를 컴파일하고 'sudo make run' 명령을 통해 'raspberry'를 실행시키면, 다음과 같이 IoTMakers와 연동되는 화면을 볼 수 있다.

5) IoT 플랫폼에서의 연결 확인

라즈베리파이Raspberry Pi에서와 같이 IoT 플랫폼IoTMakers에서도 연결을 확인할 수 있다.

개방형 IoT 플랫폼 포털의 '나의 디바이스디바이스 관리' 메뉴를 클릭하면, 등록한 디바이스 리스트를 볼 수 있다. 여기에서 현재 사용 중인 디바이스를 선택하고 디바이스 상세 화면으로 들어가면, 화면 하단에 '태그 스트림 목록'이 나타나고 현재 연동 중인 센서 정보들을 실시간으로 확인할 수 있다.

(1) 'ON/OFF' 문자를 통해 LED 제어 확인

태그 스트림 목록 중에서 'LED'를 선택하면 제어 값을 입력할 수 있는 '텍스트 입력' 박스를 사용할 수 있다. 이곳에 ON, OFF 문자열을 입력하고 '제어' 버튼을 클릭하면, 라즈베리파이Raspberry Pi에 있는 LED가 ON, OFF 되는 것을 확인할 수 있다.

(2) 온/습도 센서의 온도 값 수신 확인

태그 스트림 목록 중에서 'Temp'를 선택하면 현재 수신되고 있는 온도 값을 확인할 수 있다.

(3) 터치 센서의 터치 유/무 값 수신 확인

태그 스트림 목록 중에서 'Touch'를 선택하면 현재 수신되고 있는 터치 센서의 터치 상태를 확인할 수 있다. 기본값은 '0'이며, 터치가 일어나면 '1' 값이 수신된다.

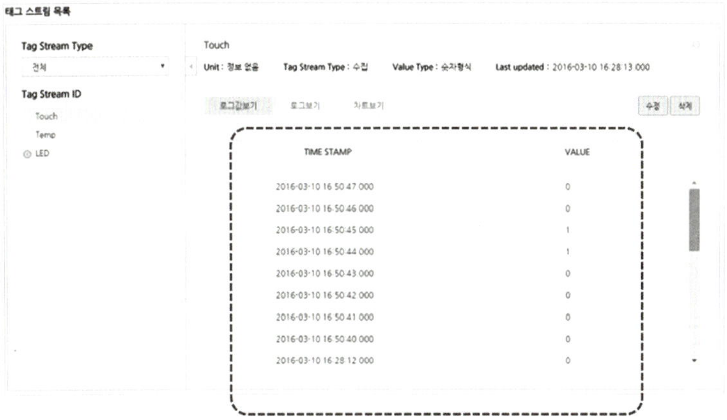

6) IoT 플랫폼에서의 이벤트 사용 방법

이벤트는 디바이스에서 수집되는 데이터에 특정 조건을 정의하여 사용하는 것이다. 사용자가 등록해 놓은 디바이스의 센서 정보를 사용하여 이벤트를 생성하고, 이를 사용하여 IoT 서비스를 구성할 수 있다. 예를 들어, 주차장에 차량이 들어오면 주차 가이드를 올리고 번호판을 인식하는 것과 같은 것이다.

이벤트를 등록하기 위해 '이벤트 관리' 메뉴를 선택하자.

화면 중앙에는 사용자가 사용하는 전체 이벤트에 대한 리스트를 볼 수 있으며, 화면 오른쪽 부분에 이벤트에 대한 [연관 상세 정보]와 이력 정보에 대한 [로그 보기]를 할 수 있는 버튼이 있다. [연관 상세 정보]의 경우 해당 이벤트와 관련된 디바이스/태그스트림 정보를 확인할 수 있으며, [로그 보기]의 경우 해당 이벤트가 발생했었던 로그를 보여 주게 된다.

이벤트를 생성하는 절차는 다음과 같다.

① 이벤트 등록→② 이벤트 정의→③ 이벤트 발생 조건 정의→④ Output 제어 조건 정의→⑤ 이벤트 확인 및 저장→⑥ 이벤트 리스트 및 이벤트 발생 로그 확인

(1) 이벤트 등록

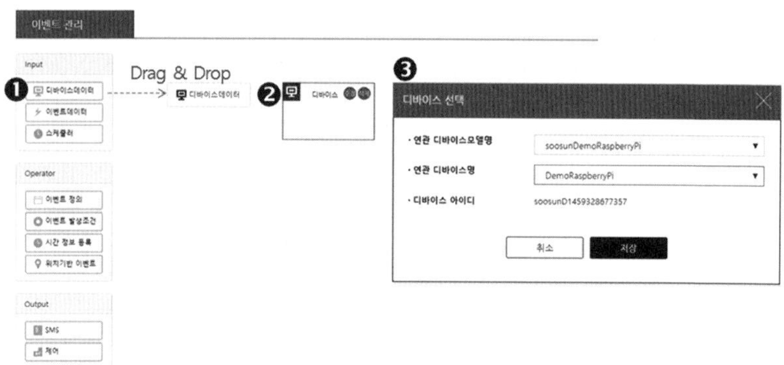

① 좌측 메뉴에서 '❶ 디바이스 데이터'를 드래그하여 캔버스에 올려놓으면 ❷와 같은 '디바이스' 도형이 나타난다. 디바이스 데이터는 여러 개 설정할 수 있다.

② 도형에 마우스를 올리면 아이콘 형태의 수정, 삭제 버튼이 생성된다.

- 수정: 수정 버튼 클릭 또는 도형 더블클릭 시 ❸의 '디바이스' 팝업창이 나타남
- 삭제: 도형이 캔버스 위에서 삭제됨

③ 디바이스 정보를 입력한다.

- 연관 디바이스 모델명: 나의 디바이스에 등록한 디바이스 모델 선택이 가능
- 연관 디바이스명: 디바이스 모델 하위의 상세 디바이스 선택이 가능
- 디바이스 아이디: 디바이스 선택 시 해당 디바이스의 아이디가 자동으로 표시됨

④ 사용자가 등록해 놓은 디바이스의 모델명, 디바이스 명을 선택한 후 '저장'한다.

(2) 이벤트 정의 설정

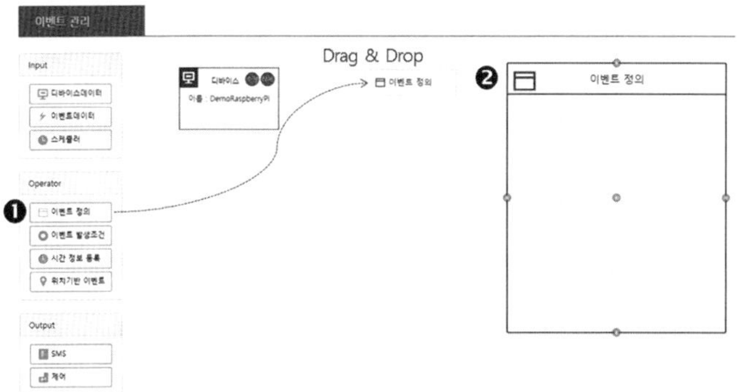

① 좌측 메뉴에서 '❶ 이벤트 정의'를 드래그하여 캔버스에 올려놓으면 ❷와 같은 도형이 나타난다.

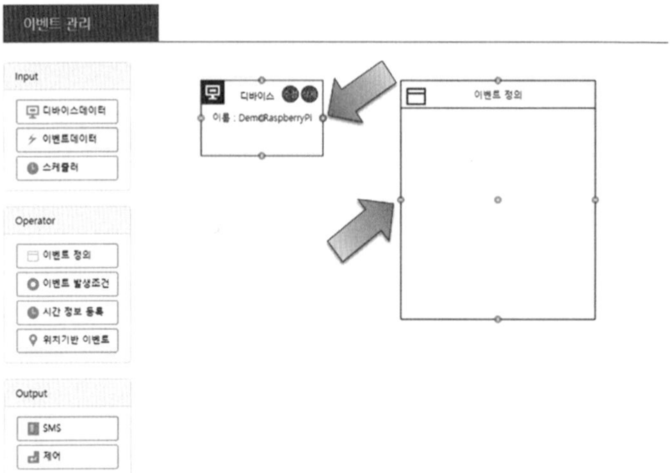

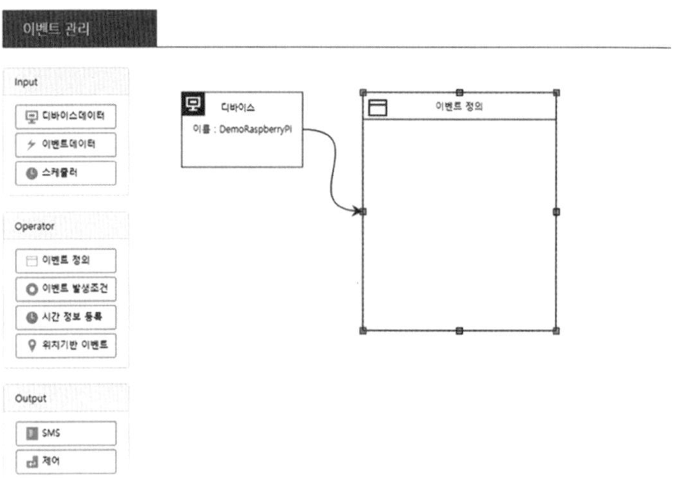

② 앞에서 설정해 놓은 [디바이스] 박스와 [이벤트 정의] 박스를 드래그&드롭으로 연결해준다. 마우스 포인트를 박스 위에 위치하면 사각형 라인에 점들이 나타나고 이 점들을 마우스로 클릭하여 드래그 상태로 연결하고자 하는 다른 사각형 위의 점에 드롭하면 그림과 연결선이 나타난다.

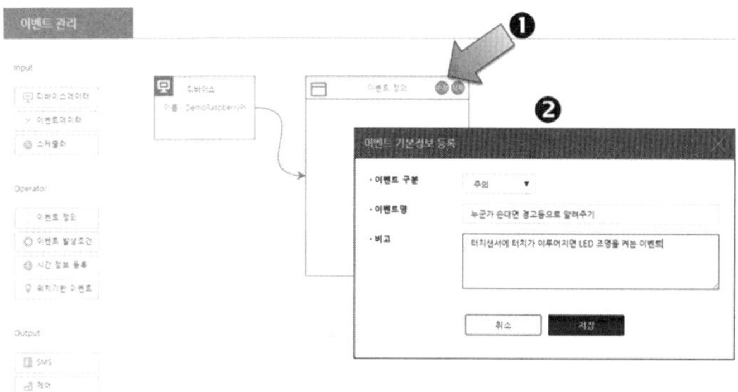

③ 도형에 마우스를 올리면 수정, 삭제 버튼이 생성된다.

- 수정: 수정 버튼 클릭❶ 또는 도형 더블클릭 시 ❷의 팝업창이 나타남
- 삭제: 도형이 캔버스 위에서 삭제됨

④ 이벤트의 기본 정보를 등록한다.

- 이벤트 구분: 이벤트 구분 값주의·경고·위험을 선택필수 입력
- 이벤트 이름: 이벤트의 이름 설정필수 입력
- 비고: 이벤트에 대한 설명 작성

여기서는 이벤트 구분을 '주의', 이벤트 이름을 '누군가 손대면 경고등으로 알려주기', 비고를 '터치 센서에 터치가 이루

어지면 LED 조명을 켜는 이벤트' 라는 설명을 입력한다.

(3) 이벤트 발생 조건 정의

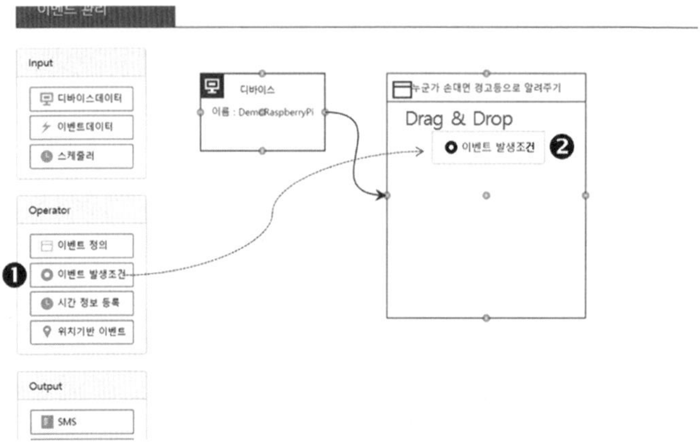

① Operator에서 [❶ 이벤트 발생 조건] 박스를 드래그하여 방금 전 만들었던 [누군가 손대면 경고등으로 알려주기] 박스 내부에 드롭한다.

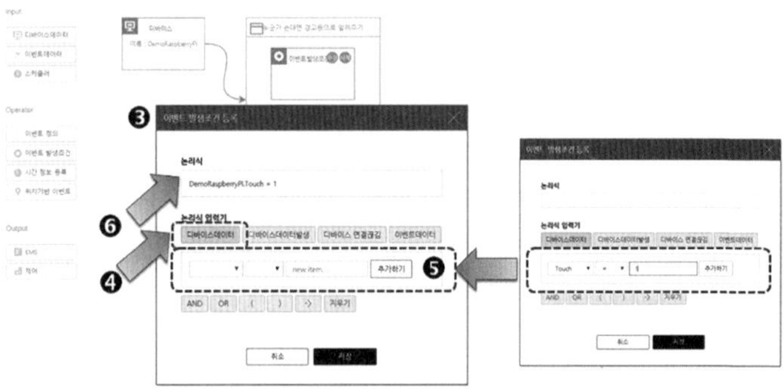

② [누군가 손대면 경고등으로 알려주기] 박스의 위에 마우스를 위치하면 수정, 삭제 버튼이 나타나고, 수정 버튼을 클릭하

면 [❸ 이벤트 발생 조건 등록] 박스가 나타난다. 이 박스에 사용자가 사용할 이벤트의 논리식을 입력하게 된다.

③ 논리식의 입력 방법은 다음과 같다. [❹ 디바이스 데이터] 버튼을 클릭하면 버튼 아래에 ❺ 입력 박스들이 나타난다. 입력 박스들 중 첫 번째 항목에서는 터치 센서 이름인 'Touch'를 선택하고 두 번째 항목에서는 '=', 세 번째 항목에는 숫자 '1을 입력한다. 즉, '터치 센서 값이 1의 조건이 성립하면' 이라는 의미이다.

④ 모든 값을 선택 · 입력한 후 [추가하기] 버튼을 클릭하면 ❻과 같이 '논리식' 항목에 내용이 나타난다. 입력한 조건식을 저장한다.

⑤ 이벤트 발생 조건에 대한 정의가 완료되면, 입력한 내용이 해당 박스에 표시된다.

(4) Output 제어 조건 정의

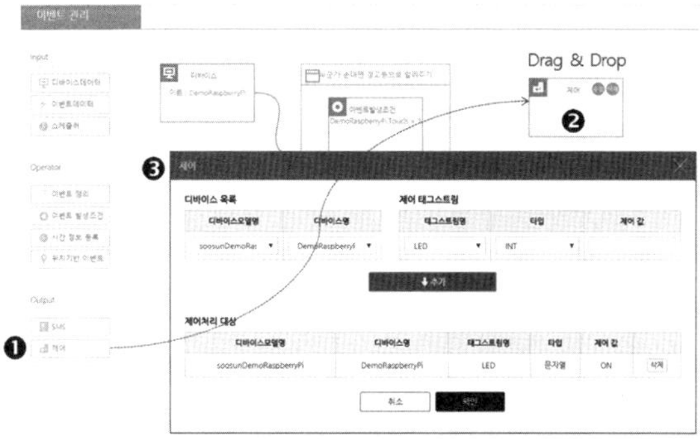

① 이벤트 발생 조건에 대한 정의를 완료한 이후, 해당 이벤트가 발생했을 때, 어떠한 OutputAction: 작업을 실행할 것인지

를 체크하는 워크플로우Workflow를 설정할 수 있다. 여기서는 OutputAction:작업을 실행을 위한 '제어 조건' 정의로 'LED' 조명을 'ON' 하는 작업을 실행하도록 하겠다.

② Output 박스에서 [❶ 제어] 박스를 드래그하여 캔버스에 올려놓으면 ❷와 같은 도형이 나타난다. '제어 박스'에서 수정 버튼을 선택하면 '❸ 제어' 팝업창이 나타난다.

- 디바이스 목록: 자신의 디바이스를 선택
- 제어 태그 스트림: 선택한 디바이스에 등록된 태그 스트림, 제어 태그 스트림만 선택 가능 타입, 제어 값을 입력한 후 추가 버튼을 누르면 하위 제어 처리 대상에 추가됨
- 제어 처리 대상: 제어 대상을 표시

③ 제어 정보를 입력하였으면 확인 버튼을 클릭하여 제어 정보 등록을 마친다.

(5) 이벤트 확인 및 저장

마지막으로 이벤트 등록을 확인하고 저장한다.

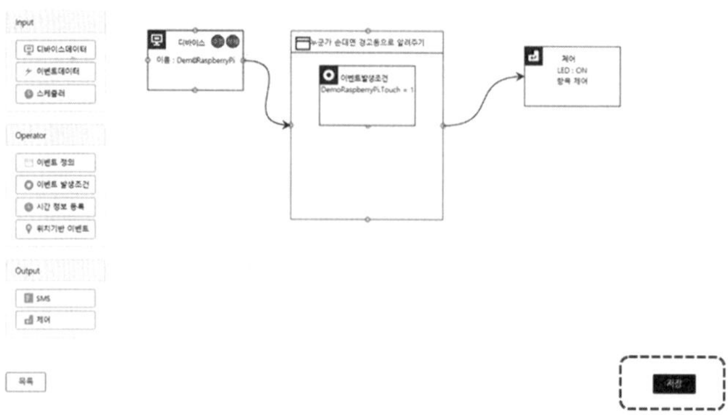

(6) 이벤트 리스트 및 이벤트 발생 로그 확인

이벤트 등록을 저장하면 이벤트 리스트 화면이 나타나며, 입력된 이벤트의 리스트를 확인할 수 있다. 그리고 사용자의 디바이스에서 터치 센서를 터치하게 되면 '터치 이벤트' 발생 로그를 화면 오른쪽 '로그 보기' 메뉴에서 실시간으로 확인할 수 있다. 물론 사용자의 디바이스에 있는 LED 상태도 'ON'으로 변경되게 된다.

7) IoT 서비스를 위한 대시보드 구성하기

마지막 단계인 대시보드 사용에 대해 알아보자. IoT 플랫폼에서 제공하는 대시보드 기능은 사용자들이 손쉽게 IoT 서비스를 제공받을 수 있는 중요한 기능이다. 사용자들은 디바이스만 준비하면 IoT 서비스에 필요한 디바이스 상태, 실시간 센서 정보, 이벤트 발생 현황 등의 기능을 제공받을 수 있게 된다.

'나의 대시보드' 메뉴를 선택하면 사용자의 대시보드 화면을 볼 수 있다. 현재는 설정해 놓은 대시보드 화면이 없는 상태이며, 화면의 '+' 버튼을 클릭하면, 위젯 선택 팝업창이 나타난다.

출처: http://iotmakers.kt.com/

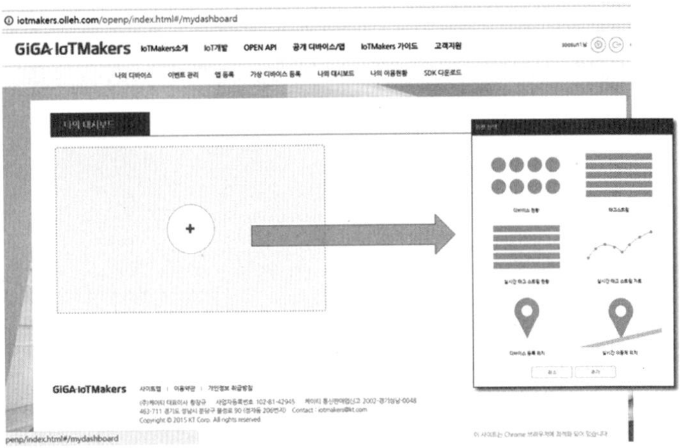

위젯은 아래와 같이 여섯 가지가 제공된다.

- 디바이스 현황: 현재 등록되어 있는 사용자의 디바이스 온라인 상태를 볼 수 있다.
- 실시간 태그 스트림 현황: 디바이스에 연결되어 있는 센서 정보, 즉 태그 스트림 정보를 실시간으로 확인할 수 있다.
- 디바이스 등록 위치: 디바이스를 등록하는 시점의 위치 정보를 볼 수 있다.
- 실시간 태그 스트림 차트: 있는 센서 정보, 즉 태그 스트림 정보를 이용한 차트를 실시간으로 확인할 수 있다.
- 태그 스트림: 개별 태그 스트림의 실시간 정보를 확인할 수 있다.

- 실시간 이동체 위치: 사용자의 디바이스가 위치 정보를 전송하는 이동체일 경우, 지도상의 위치를 모니터링할 수 있다.

대시보드 위젯들 중 센서 정보를 모니터링할 수 있는 '태그 스티림' 위젯을 구성하는 방법을 알아보자.

위젯 선택 창에서 '태그 스트림' 위젯을 ❶ 선택하면, 화면에 ❷ 위젯이 추가된다. ❸ 위젯 설정 버튼을 클릭하면 설정 팝업창이 나타난다.

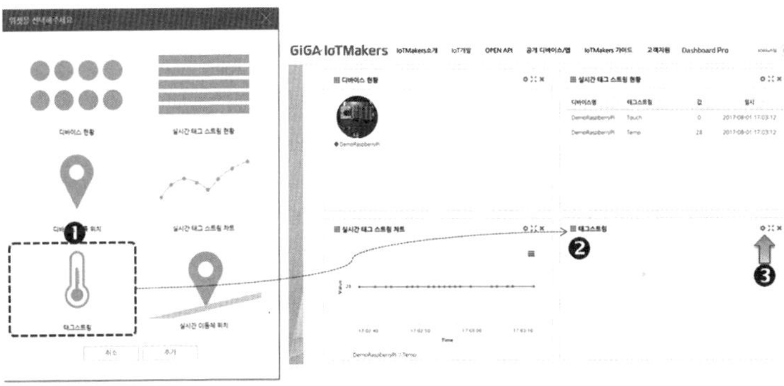

위젯 설정 버튼을 클릭하면 설정 팝업창이 나타난다. 등록하여 사용 중인 디바이스의 태그 스트림을 ❶ 선택한 후, ❷ 표시하고 싶은 아이콘을 선택한다. '❸ 추가' 버튼을 클릭하면 하단에 선택한 리스트가 표시된다. 작업 내용을 저장한다.

'태그 스트림' 위젯은 등록 디바이스들에 연결되어 있는 태그 스트림의 정보를 아이콘과 함께 제공한다.

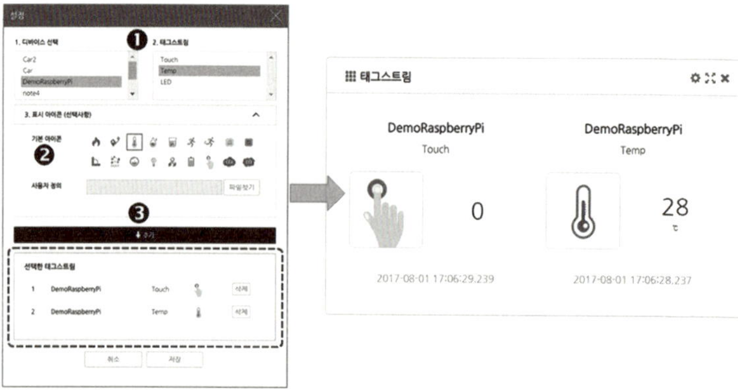

※ 라즈베리파이를 이용한 IoT 플랫폼 사용 방법에 대한 상세 정보는 "2. IoT 플랫폼 사용 방법에 대한 추가 정보"를 참조한다.

04 아두이노(Arduino)를 이용한 IoT 플랫폼 사용 방법

1) 아두이노(Arduino) 소개

아두이노 이탈리아어: Arduino 아르두이노는 오픈소스를 기반으로 한 단일보드 마이크로컨트롤러로 완성된 보드상품와 관련 개발 도구 및 환경을 말한다. 2005년 이탈리아의 IDII Interaction Design Institutelvera에서 하드웨어에 익숙지 않은 학생들이 자신들의 디자인 작품을 손쉽게 제어할 수 있게 하려고 고안된 아두이노는 처음에 AVR을 기반으로 만들어졌으며, Atmel AVR 계열의 보드가 현재 가장 많이 판매되고 있다. ARM 계열의 Cortex-M0 Arduino M0 Pro과 Cortex-M3 Arduino Due를 이용한 제품도 존재한다.

아두이노는 다수의 스위치나 센서로부터 값을 받아들여, LED 조명이나 모터와 같은 외부 전자 장치들을 통제함으로써 환경과 상호작용이 가능한 물건을 만들어 낼 수 있다.

아두이노는 통합 개발 환경IDE을 제공하며, 소프트웨어 개발과 실행 코드 업로드도 제공한다. 또한, 어도비 플래시, 프로세싱, Max/MSP와 같은 소프트웨어와 연동할 수 있다.

아두이노의 가장 큰 장점은 마이크로컨트롤러를 쉽게 동작시킬 수 있다는 것이다. 일반적으로 AVR 프로그래밍이 AVRStudio Atmel Studio로 변경, ARM 도구 추가됨와 WinAVR avr-gcc의 결합으로 컴파일하거나 IAR E.W.나 코드비전 CodeVision 등으로 개발하여 별도의 ISP 장치를 통해 업로드를 해야 하는 번거로운 과정을 거쳐야 한다. 이에 비해 아두이노는 컴파일된 펌웨어를 USB를 통해 쉽게 업로드할 수 있다. 또한, 아두이노는 다른 모듈에 비해 비교적 저렴하고, 윈도를 비롯해 맥 OS X, 리눅스와 같은 여러 OS를 모두 지원한다. 아두이노 보드의 회로도가 CCL에 따라 공개되어 있으므로, 누구나 직접 보드를 만들고 수정할 수 있다. 출처: 위키백과-아두이노

아두이노 공식 홈페이지에서 최신의 하드웨어/소프트웨어 정보를 찾아볼 수 있다.

출처: https://www.arduino.cc/

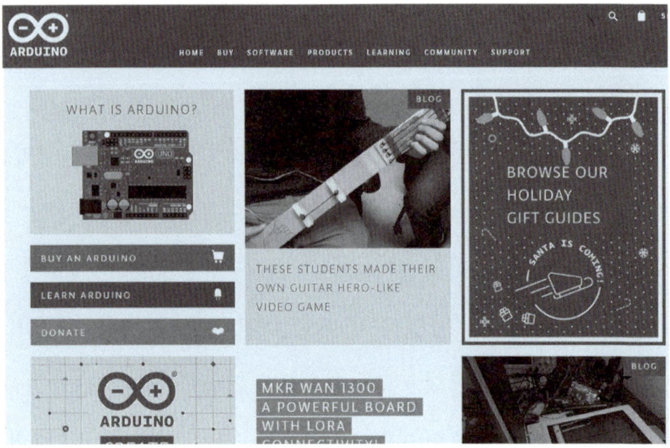

2) IoT 플랫폼 Arduino SDK 개요

KT IoT 플랫폼인 IoTMakers의 아두이노Arduino용 SDKSoftware Development Kit는 IoT 디바이스가 IoTMakers 플랫폼에 연동할 때에 필요한 APIApplication Programming Interface를 제공한다. IoT 디바이스는 제공되는 API를 통하여 접속 및 장비 인증, 수집 데이터를 전송하고, 플랫폼으로부터 제어 데이터를 수신할 수 있다.

아두이노Arduino용 SDK는 'SDK 다운로드' 메뉴에서 다운로드할 수 있다.

- 매뉴얼: Arduino_SDK_manual_TCP.pdf
- SDK: SDK_Arduino.zip
- \Arduino\libraries\IoTMakers\로 설치

출처: http://iotmakers.kt.com/

아두이노Arduino를 위한 IoTMakers SDK는 인터넷 통신 방식에 따라서 다음과 같은 버전을 제공한다.

- IoTMakersForArduinoEthernet: 아두이노 공식 이더넷 실드용 EthernetClient 라이브러리 사용
- IoTMakersForArduinoShield: 아두이노 공식 와이파이 실드용 WiFiClient 라이브러리 사용
- IoTMakersForESP8266Firmware: ESP8266 펌웨어 버전용 WiFiClient 라이브러리 사용
- IoTMakersForESP8266Serial: ESP8266 소프트웨어시리얼 버전용 SoftwareSerial 사용

3) 아두이노(Arduino) 네트워크 Shield 설정

아두이노Arduino 디바이스를 IoT 플랫폼과 연결하여 사용을 위한 필요한 환경 설정은 다음과 같다.

```
void init_shield()
{
        sdcard_deselect( );
```

```
    const char* WIFI_SSID = "rasp_one";
    const char* WIFI_PASS = "passwd";
    g_shield.begin(WIFI_SSID, WIFI_PASS);

// 생략
```

그리고 아두이노Arduino에 사용할 네트워크 Shield Board를 다음과 같이 설정하여 사용한다. 다음은 Arduino 공식 WiFi Shield를 사용할 경우를 보여 준다.

- Line 2: #include "IoTMakersForArduinoSheild.h"를 추가한다.
- Line 4: 사용할 WiFi 접속 정보를 입력한다.
- Line 7: 사용할 디바이스 접속 정보를 입력한다.
- Line 11: IoTMakersForArduinoSheild 전역 객체를 생성한다.
- Line 23: WiFi 접속 정보로 WiFi 실드를 시작한다.

Tutorial_IotMakers.ino.ino §

```
1  #include <Arduino.h>
2  #include "IoTMakersForArduinoShield.h"
3
4  #define WIFI_SSID   "WIFI_SSID"
5  #define WIFI_PASS   "WIFI_PASS"
6
7  #define IMDeviceID      "IMDeviceID"
8  #define IMDevicePW      "IMDevicePW"
9  #define IMGwID          "IMGwID"
10
11 IoTMakersForArduinoShield   g_im(IMDeviceID, IMDevicePW, IMGwID);
12
13 void init_iotmakers()
14 {
15     g_im.set_numdata_handler(mycb_numdata_handler);
16     g_im.set_strdata_handler(mycb_strdata_handler);
17     g_im.set_dataresp_handler(mycb_resp_handler);
18
19 RECONNECT:
20     // 1. WiFi
21     Serial.print("Connect to AP:");Serial.println(WIFI_SSID);
22
23     while(g_im.begin(WIFI_SSID, WIFI_PASS) < 0){
24       Serial.println(F("retrying."));
25       delay(1000);
26     }
```

4) 아두이노(Arduino) 디바이스 구성

아두이노Arduino를 사용하여 IoT 플랫폼을 사용해 보기 위한 센서 및 디바이스 구성은 다음과 같다. 라즈베리파이 사용에서 연결한 3개의 센서, 즉 LED, 온도 센서, 터치 센서 등 세 가지의 센서/액추에이터를 그대로 활용하여 사용한다.

- LED: 아두이노Arduino Pin 3
- Touch: 아두이노Arduino Pin 5
- DHT: 아두이노Arduino Pin 6

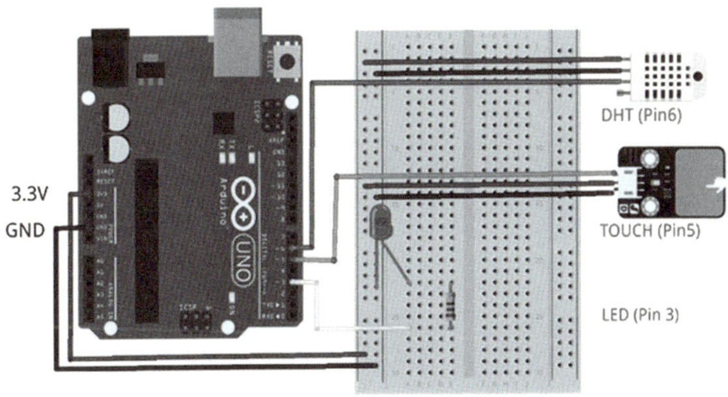

5) IoT 플랫폼 연결하기: LED On/Off 제어

앞의 라즈베리파이 사용 방법에서 IoT 플랫폼에 센서 정보를 등록하는 방식과 동일하게 사용한다. SDK 다운로드 폴더의 'IoT MakersDemo' 파일과 샘플로 제공되는 'Tutorial_IoTMakers_LED' 파일을 참조하여 IoT 플랫폼 연결을 위한 코드를 작성한다.

```
void mycb_strdata_handler(char *tagid, char *strval)
{
  // !!! USER CODE HERE
  Serial.print(tagid);Serial.print(F("="));Serial.println(strval);

  if ( strcmp(tagid, "led") == 0 && strcmp(strval, "on") == 0 ) {
    led_turn_on();
  } else if ( strcmp(tagid, "led") == 0 && strcmp(strval, "off") == 0 ) {
    led_turn_off();
  }
}
```

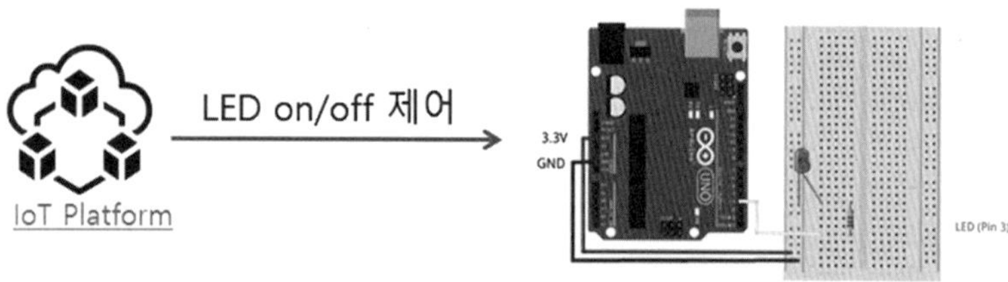

개방형 IoT 플랫폼 포털의 태그 스트림 목록에서 ‘led’를 선택한 후, 제어 값 “on” 또는 “off” 문자열을 입력 후 제어 버튼을 선택하면 실제 디바이스의 LED가 ON/OFF 되는 것을 확인할 수 있다.

6) IoT 플랫폼 연결하기: 온습도 센서 사용

SDK 다운로드 폴더의 IoTMakersDemo 파일과 샘플 Tutorial_IoTMakers_LED_DHT 파일을 참조하여 IoT 플랫폼 연결을 위한 코드를 작성한다.

```
int send_data()
{
    float temperature = dht_read_temperature();
    float humidity = dht_read_humidity();

    Serial.print(F("temperature: "));   Serial.println(temperature);
    if ( g_im.send_numdata("Temp", (double)temperature) < 0 ) {
      Serial.println(F("fail"));
      return -1;
    }

    Serial.print(F("humidity: "));   Serial.println(humidity);
    if ( g_im.send_numdata("humidity", (double)humidity) < 0 ) {
      Serial.println(F("fail"));
      return -1;
    }

  return 0;
}
```

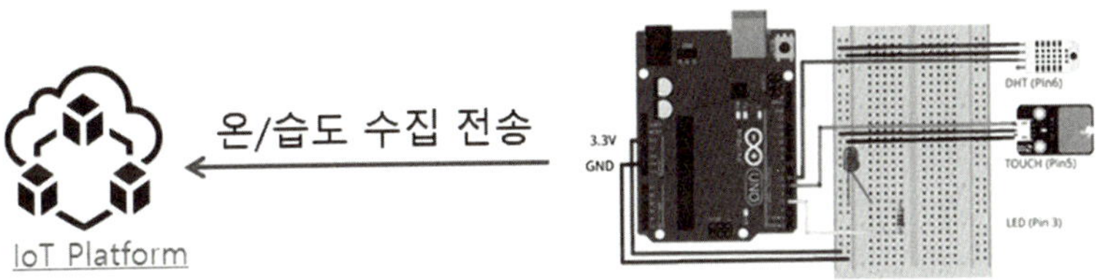

개방형 IoT 플랫폼 포털의 태그 스트림 목록에서 'temperature'와 'humidity'를 선택하면 온 · 습도 센서 값이 출력되는 것을 확인할 수 있다.

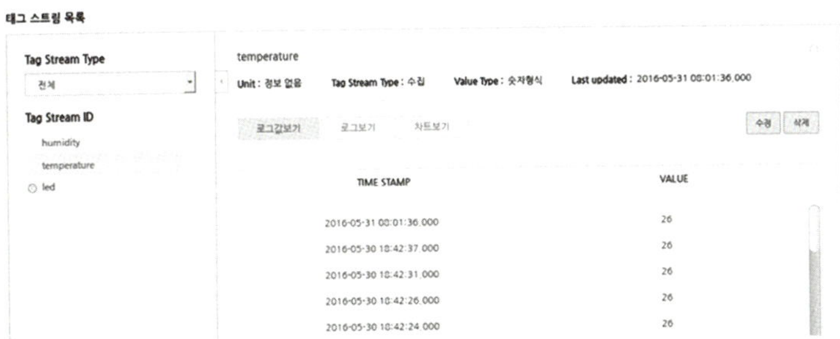

※ 아두이노를 이용한 IoT플랫폼 사용 방법에 대한 상세 정보는 "2절. IoT 플랫폼 사용 방법에 대한 추가 정보"를 참조한다.

참고문헌

WEF, The Global Competitiveness Report 2016-2017, 2016.1

WEF, The Future of Jobs, 2016.1

과학기술정보통신부, 4차 산업혁명 대비 초연결 지능형 네트워크 구축 전략(안), 2017.12

관계부처합동, 혁신성장을 위한 사람중심의 4차 산업혁명 대응계획 보도자료, 2017.11

현대경제연구원, 4차산업혁명 기반산업의 R&D 현황 국제비교, 2017.9

클라우스 슈밥 지음, 역자 송경진, 〈클라우스 슈밥의 제4차 산업혁명〉, 새로운현재, 2016.4

한국산업융합기술협회, 이민화, 4차 산업혁명과 기술융합, 2017.9

KETI, 4차 산업혁명과 ICT의 미래, 2017.12

산업통상자원부, 4차 산업혁명 정의 및 거시적 관점의 대응방안 연구, 2016.10

KERI Brief, 제4차 산업혁명 시대의 국내환경 점검과 정책 방향, 2017.1

NIA한국정보화진흥원, 홈IoT 시장분석 및 시사점, 2016.10

GE 연차보고서, LEADING A DIGITAL INDUSTRIAL ERA, 2016

관계부처합동, K-ICT 사물인터넷 확산 전략, 2015.12

TTA한국정보통신기술협회, 내 손안의 표준, 2017.2

KT, KT 5G Master Plan, 2015.9

한국전자통신연구원, LPWA기반 광역 IoT기술 및 표준화, 2016.4

윤성준 외 4명, LTE Release 12/3 13 에서의 MTC/eMTC 표준화 동향, 2016

Electronic science, 산업용 IoT의 무선센서 네트워킹, 2015.11

사물인터넷포럼, 사물인터넷 응용을 위한 스마트 환경센서 기술동향, 2017.8

KOTRA, 나날이 발전하는 중국의 스마트홈 시장, 2015.1

KOTRA,미국 스마트홈 시장, 2020년 200억 달러 규모로 성장 전망, 2016.4

한국전자통신연구원, 센서산업과 주요 유망센서 시장 및 기술동향, 2015.5

kt경제경영연구소, 글로벌 ICT 기업의 M&A 트렌드와 전략, 2016.11

퀄컴 코리아 블로그, 대규모 사물인터넷을 연결하는 eMTC와 NB IoT기술, 2017.8

지멘스 PLM 소프트웨어, 마세라티의 성공과 디지털라이제이션, 2016.1

현대경제연구원, 초연결 시대 산업 전략 - 독일 스마트 산업화의 내용과 시사점, 2016.2

SK증권, Hyper Connected Society의 미래, 2017.1

GE, PREDIX - The Platform for the Industrial Internet, 2016.7

GE, PREDIX TECHNOLOGY BRIEF-Digital Twin, 2017.2

deloitte, 3D opportunity and the digital thread, 2016.3

Gartner, Top 10 IoT Technologies for 2017 and 2018, 2016.12

Dr. Michael Grieves, Digital Twin: Manufacturing Excellence through Virtual Factory Replication, 2014

Dr. Michael Grieves, MANUFACTURING AND THE DIGITAL TWIN, 2014

ANSYS, Predictive Analytics, Simulation and the Digital Twin, 2016.5

Alexander Osterwalder & Yves Pigneur, business model generation book preview, 2010

Ash Maurya, Running Lean Second Edition-Iterate from Plan A to a Plan That Works, 2012.11

ublox blog, IoT and the four reasons why licensed spectrum technologies have been worth the wait, 2016.8

Brench L. Boden, AFRL Digital Thread / Digital Twin, 2016.7

4차 산업혁명을 시작하는 기술
IoT 플랫폼

초판 1쇄 인쇄 2018년 3월 28일
초판 1쇄 발행 2018년 3월 31일

지은이 | 김진수
펴낸이 | 박정태
편집이사 | 이명수 감수교정 | 정하경
편집부 | 김동서, 위가연, 이정주
마케팅 | 조화묵, 박명준, 송민정 온라인마케팅 | 박용대
경영지원 | 최윤숙

펴낸곳 광문각
출판등록 1991. 5. 31 제12-484호
주소 파주시 파주출판문화도시 광인사길 161 광문각 B/D 4F
전화 031)955-8787
팩스 031)955-3730
E-mail kwangmk7@hanmail.net
홈페이지 www.kwangmoonkag.co.kr

ISBN 978-89-7093-894-3 13320
가격 16,000원